JN211908

光る化石

美しい石になった古生物たちの図鑑

著 土屋香　監修 土屋健

東院日書

目次

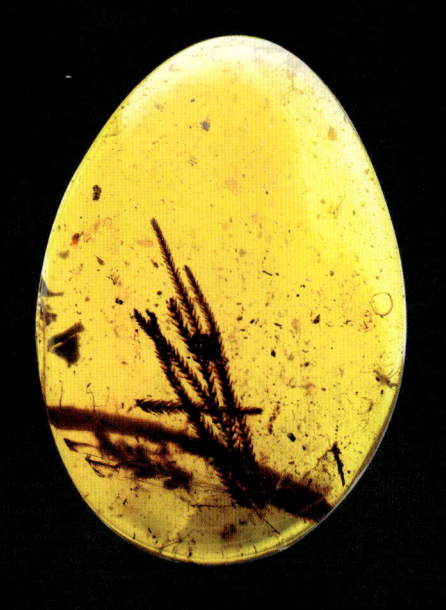

はじめに

みなさん、化石をイメージしてみてください。

どのようなものが思い浮かびますか？　博物館に並んだ恐竜の骨？　地層に埋まったアンモナイト？　皆さんが思い浮かべた化石は黒や茶色や灰色などの地味な色をしていませんか？　もちろん、そのイメージは間違っていません。川の上流にあるような石そっくりの見た目の化石がたくさんあります。

ですが、化石は実はもっといろいろな姿をしています。虹色のきれいな輝きをもつ化石もありますし、内部や表面に鉱物が成長した化石もあります。黄色く透明な琥珀もまた、化石です。本書で紹介するのは、そのようなきれいな化石たち。これらの化石は長い年月を経て、光り輝く姿に変わっていきました。

本書の美しい化石の画像は、たくさんの方の協力によって集めることができました。九州大学総合博物館の前田晴良教授には、博物館所蔵のきれいなアンモナイトの撮影にご協力いただきました。この撮影に際し、前田陽子氏にはカロセラスとプシロセラスをお貸しいただきました。そして、国内外の研究者や博物館関係者のみなさまに、貴重な標本の画像をご提供いただきました。お忙しい中、本当にありがとうございました。

本書は、筆者の夫でもあるサイエンスライターの土屋健が監修を担当しています。デザインは、レカポラ編集舎の小野寺佑紀氏。編集は、日東書院の斎藤実氏です。

本書を手に取っていただき、ありがとうございます。美しい姿の化石を、どうぞご堪能ください。そしてこれらの化石が美しい姿に変わる過程に思いをはせていただけましたら、幸いです。

二〇一九年八月

土屋　香

地質年代表

本書には、「古生代カンブリア紀」や「中生代白亜紀」などの言葉がたくさん出てきます。この言葉は化石で見つかる生き物がいつ生きていたかを示しています。

地球が誕生した約46億年前から現在まで、いくつもの時代に分けられています。

この時代のことを「地質時代」といいます。地質時代は出てくる化石の種類によって区切られています。本書に登場する化石は、古生代カンブリア紀以降のものです。下の図は、地質時代とそれぞれの年代を表しています。

第四紀（古い方から，更新世（こうしんせい）・完新世（かんしんせい））

新生代	新第三紀	鮮新世（せんしんせい） 中新世（ちゅうしんせい）	258万年前
	古第三紀	漸新世（ぜんしんせい） 始新世（ししんせい） 暁新世（ぎょうしんせい）	2300万年前
中生代	白亜紀（はくあき）		6600万年前
	ジュラ紀		1億4500万年前
	三畳紀（さんじょうき）		2億100万年前
古生代	ペルム紀		2億5200万年前
	石炭紀		2億9900万年前
	デボン紀		3億5900万年前
	シルル紀		4億1900万年前
	オルドビス紀		4億4400万年前
	カンブリア紀		4億8500万年前
先カンブリア時代			5億4100万年前

きらめく化石

化石の中には、きれいな虹色の輝き（遊色）をもつものがあります。アンモナイトは、遊色をもつ標本が多いことで知られています。アンモナイトは、中生代三畳紀から白亜紀に海にいた頭足類（イカやタコの仲間）です。平面らせん形など、様々な形に巻いた殻をもっていました。

プラセンチセラス

Placenticeras meeki
中生代白亜紀
カナダ
長径 60cm

殻全体で、赤や緑、黄、青など、きれいな遊色が輝いています。赤や黄や緑の遊色はよく見られますが、青の遊色をもつアンモナイトは珍しいです。カナダから産出する、遊色の輝きが特に強いアンモナイトは「アンモライト」と呼ばれ、宝石として扱われています。

写真：株式会社アトラス

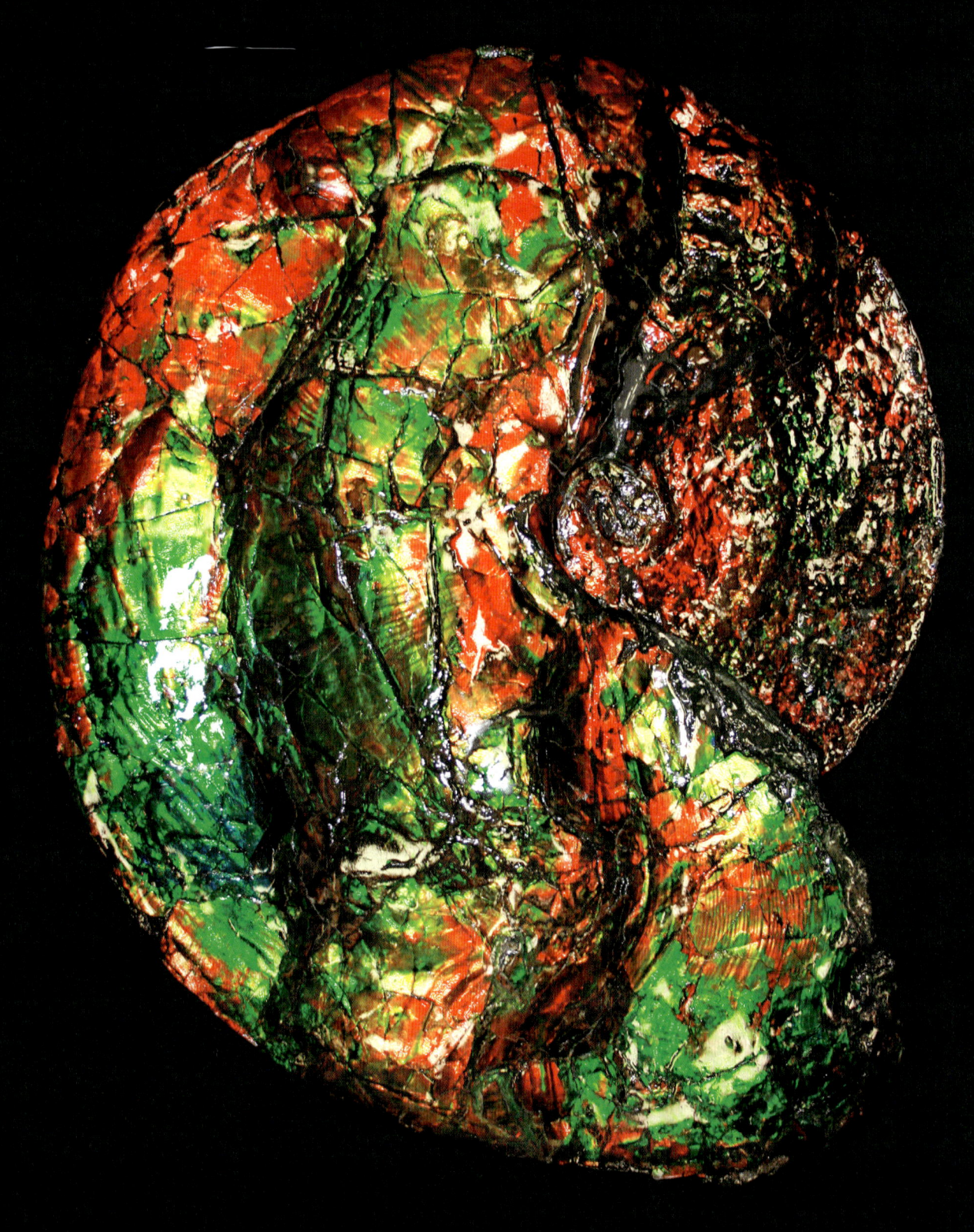

プラセンチセラス

Placenticeras meeki
中生代白亜紀
カナダ
長径 50cm

殻全体で、赤と緑を中心とした遊色が
斑状（まだらじょう）に輝いており、場所によって異な
る色の変化が楽しめます。

写真：株式会社アトラス

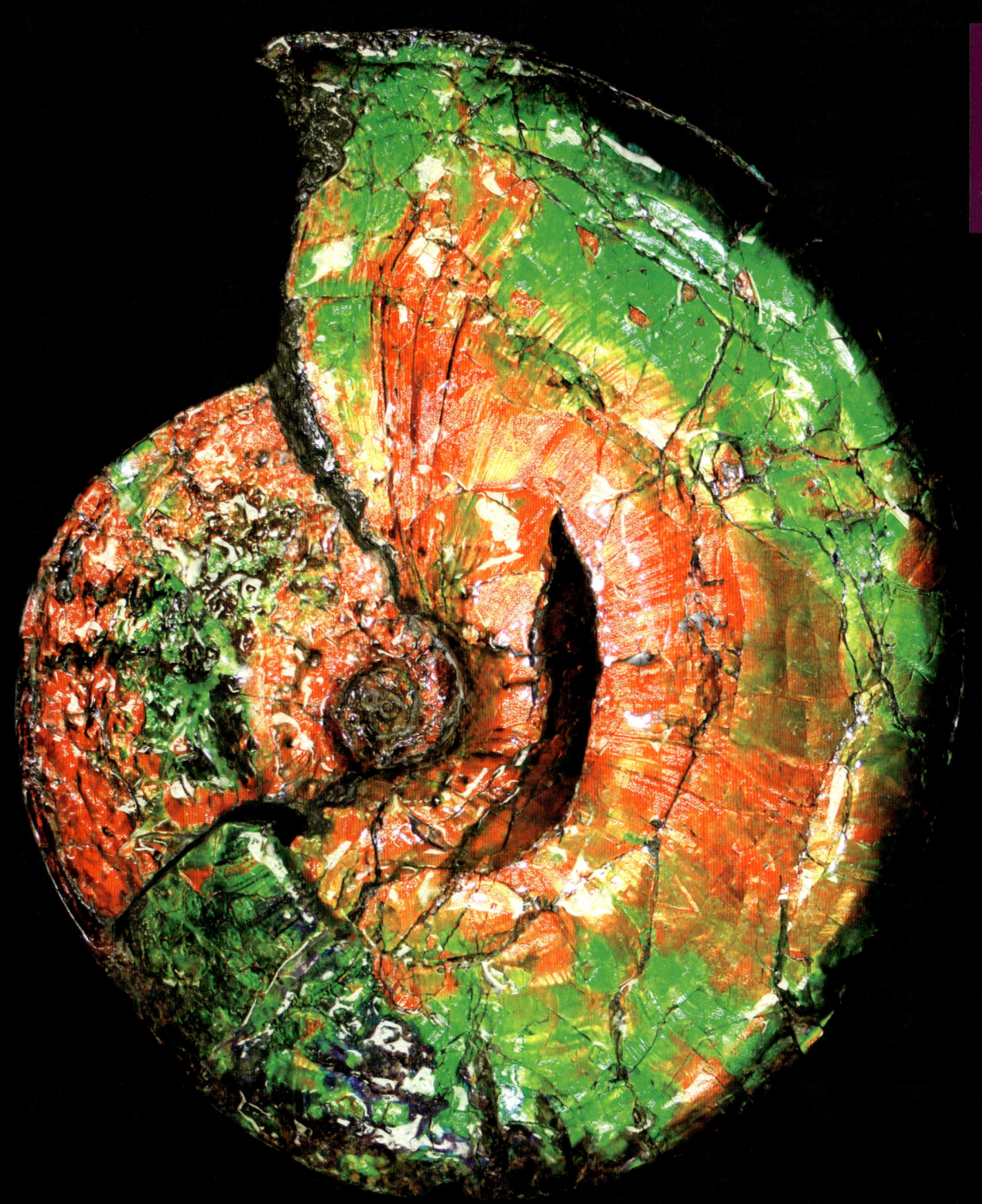

プラセンチセラス

Placenticeras meeki
中生代白亜紀
カナダ
長径 60cm

左のページの標本と同様に赤と緑を中心とした
遊色が見られます。この標本では、緑の遊色が
とくに広い範囲で見られます。一口に「アンモ
ライト」といっても、標本によって異なる輝き
を放ちます。

写真：株式会社アトラス

アンモライト（未同定）

中生代白亜紀
カナダ / 幅 7.5cm

殻の一部が残ったものです。アンモライトは
殻がもろいものも多く、この標本のように殻
の一部だけが残ったアンモライトも珍しくあ
りません。カラフルな遊色が殻全体で輝いて
います。全体的に緑色が強いですが、場所に
よって赤や黄や青の遊色が輝き、角度によっ
ても色が変化してとてもきれいです。

カロセラス

Caloceras johnstoni
中生代ジュラ紀
イギリス
長径 7.5cm

イギリスのサマーセットからは、地層中で圧力を
受けて平たくなったアンモナイトが産出します。
これらのアンモナイトの中には、きれいな遊色が
見られるものが多くあります。写真のアンモナイ
トもそのひとつ。赤や黄や緑の遊色が、宝石を散
らしたように殻全体で輝いています。

前田陽子氏所蔵標本

カロセラス

Caloceras johnstoni
中生代ジュラ紀
イギリス / 母岩の幅 21.5cm

1つの母岩にカロセラスが2個入っています。緑や青の遊色もわずかに見られますが、一番広い範囲で輝いているのは赤い遊色。特に左の個体は強い輝きを放っています。

前田陽子氏所蔵標本

カロセラス

Caloceras johnstoni
中生代ジュラ紀
イギリス / 長径 4.5cm

遊色の輝きはアンモナイトごとに千差万
別。この標本では、赤や緑や青の遊色が斑
状に殻全体にきらめいています。

プシロセラス

Psiloceras planorbis
中生代ジュラ紀
イギリス / 長径 5cm

プシロセラスも、サマーセットから産出する
ことで有名なアンモナイトです。この標本で
は青の遊色が殻全体で輝いています。この標
本のように青い遊色が広い範囲でみられるア
ンモナイトはめったにありません。

プシロセラス

Psiloceras planorbis
中生代ジュラ紀
イギリス / 母岩の幅27cm

母岩全体に、多数のプシロセラスが密集して入っています。この標本のプシロセラスのほとんどに赤や緑の遊色が見られます。特に左下の大きなプシロセラスでは広い範囲で遊色が強く輝いています。

九州大学総合研究博物館所蔵標本

ポリプチコセラス

Polyptychoceras sp.
中生代白亜紀
日本 / 長さ 8cm

変わった巻き方をしているアンモナイトです。まっすぐ伸びては 180 度ターン、まっすぐ伸びては 180 度ターンを繰り返しています。このように、一般的にみられる平面らせん形とは違った巻き方をしたアンモナイトのことを「異常巻きアンモナイト」といいます。写真では、2 回ターンしているポリプチコセラスの後ろに、別のポリプチコセラスが入っています。殻の表面では、赤やオレンジのきれいな遊色が輝いています。

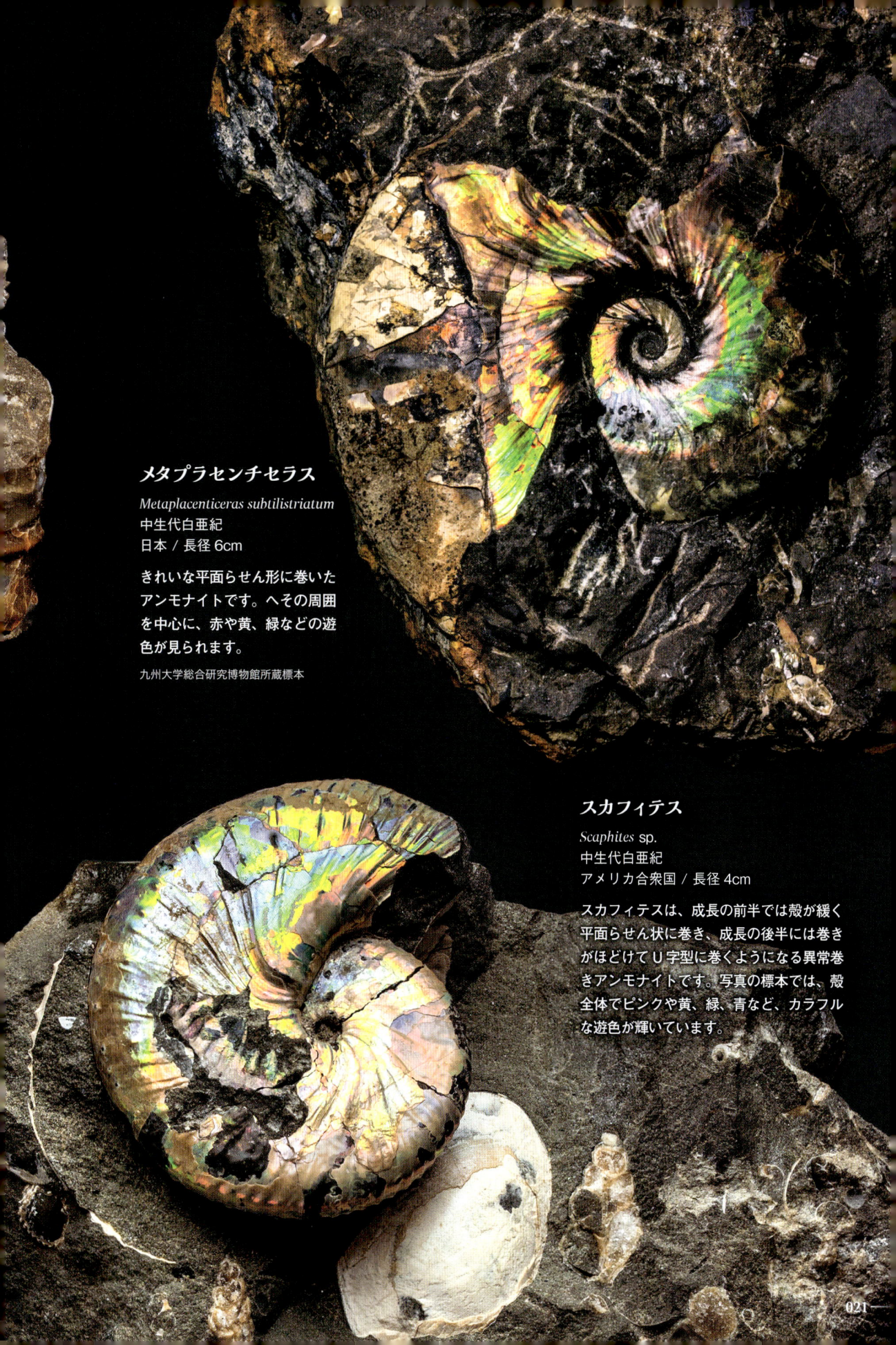

メタプラセンチセラス

Metaplacenticeras subtilistriatum
中生代白亜紀
日本 / 長径 6cm

きれいな平面らせん形に巻いた
アンモナイトです。へその周囲
を中心に、赤や黄、緑などの遊
色が見られます。

九州大学総合研究博物館所蔵標本

スカフィテス

Scaphites sp.
中生代白亜紀
アメリカ合衆国 / 長径 4cm

スカフィテスは、成長の前半では殻が緩く
平面らせん状に巻き、成長の後半には巻き
がほどけて U 字型に巻くようになる異常巻
きアンモナイトです。写真の標本では、殻
全体でピンクや黄、緑、青など、カラフル
な遊色が輝いています。

ベウダンティセラス

Beudanticeras sp.
中生代白亜紀
マダガスカル
長径 13cm

この2枚の写真は、同じ標本の両面を撮ったものです。左ページの面では表面の殻が残り、きれいな遊色が見られます。一方、右ページの面では表面の殻がはがされ、縫合線（細かくカーブした白い線）が見えています。

化石の中には、方解石の結晶が成長したものがたくさんあります。特にアンモナイトでは、殻の内部の空洞を埋め尽くしてしまうほど方解石が成長した化石が一般的に見られます。これから紹介するのは、そのようなきれいな化石たちです。

方解石の結晶

方解石は、炭酸カルシウムからなる鉱物です。その結晶は、平行四辺形だったり、とがっていたり、柱のように伸びていたりと、様々な形をとります。

写真：Zens photo / Getty Images

エウパキディスクス

Eupachydiscus sp.
中生代白亜紀
日本 / 長径 22cm

殻の内部で方解石の結晶が成長したアンモナイトです。気室ごとに大小さまざまな方解石の結晶が見られます。

むかわ町穂別博物館所蔵標本，写真：オフィスジオパレオント

アンモナイトをカットすると、また違った美しさが現れます。殻の内部に隠れていたのは、様々な色の鉱物たち。アンモナイトをカットして、研磨して、初めて現れる美しさをお楽しみください。

パルキンソニア

Parkinsonia bradstockensis
中生代ジュラ紀
イギリス / 長径 19cm

細かい肋がたくさんあるアンモナイトをカットしたものです。中は「気室」と呼ばれるいくつもの部屋に分かれています。気室の中で成長しているものは、方解石の結晶。細かくとがった結晶は、光を受けてきらきらと輝いています。

クレオニセラス

Cleoniceras sp.
中生代白亜紀
マダガスカル / 長径 19cm

気室の中で、方解石のきれいな結晶が成長しています。壁に近い部分は飴色、内側は琥珀色と、結晶の色が2色に分かれています。また、結晶の成長が途中で止まって中が空洞になっている気室や、完全に方解石で満たされた気室もあり、変化にとんだ表情を見せてくれます。

クレオニセラス

Cleoniceras sp.
中生代白亜紀
マダガスカル / 長径 13cm

内部は琥珀色の方解石で満たされています。アンモナイト内部を埋め尽くすほど成長した結晶によって内部の壁が壊れて、気室の境や、アンモナイトの巻きすらもわからなくなっています。

アンモナイト（未同定）

中生代ジュラ紀
モロッコ / 長径 3cm

方解石で満たされた気室は濃い茶色の鉱物で縁取られています。これは酸化した鉄でできた赤鉄鉱という鉱物です。赤鉄鉱にはいかにも金属らしい輝きが見られます。

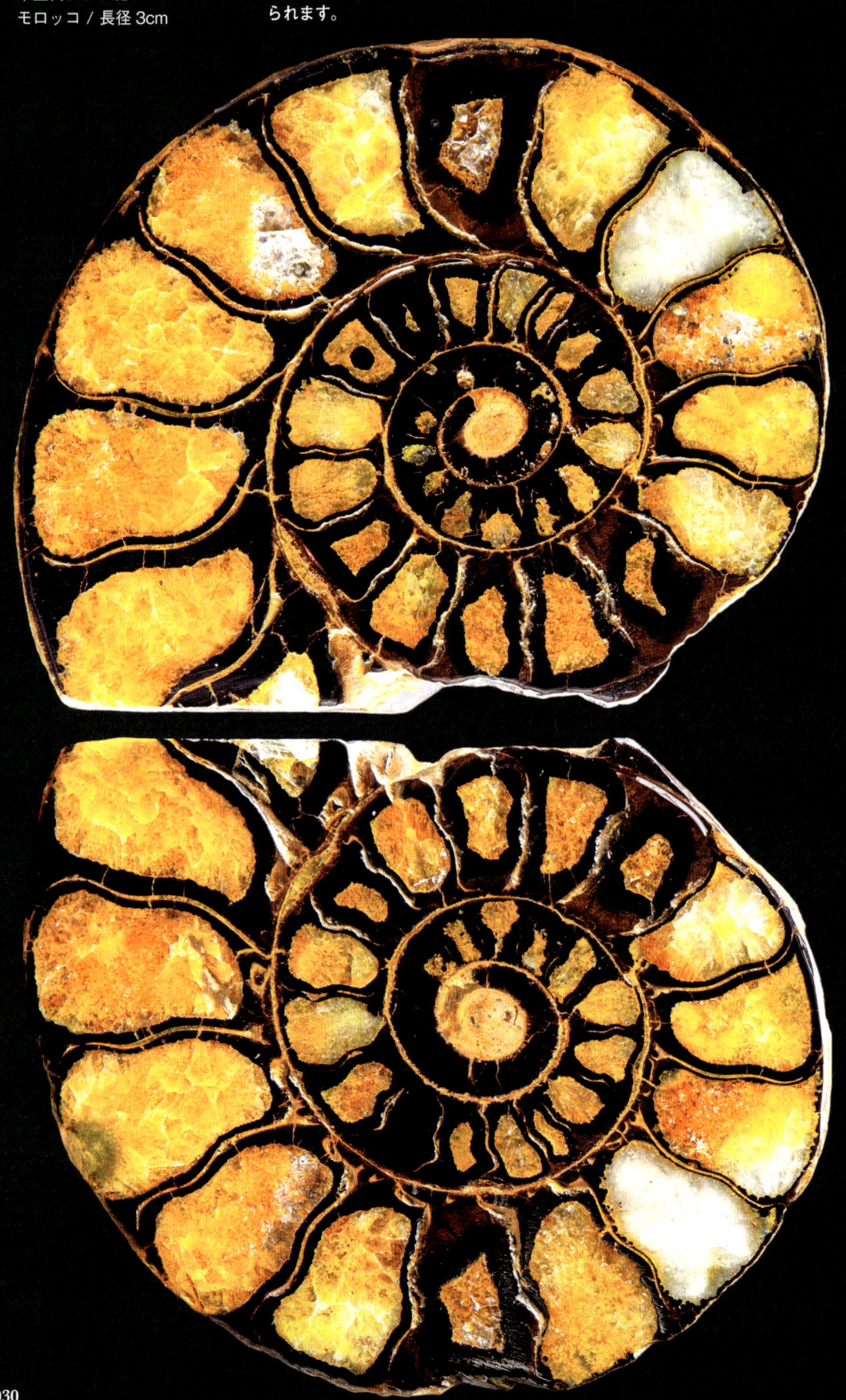

キマトセラス

Cymatoceras sp.
中生代白亜紀
マダガスカル / 長径 13cm

オウムガイは、現在も生きている頭足類です。アンモナイトと同じように殻をもっています。断面からは、気室を区切る壁がきれいなカーブを描きながら規則正しく並んでいる様子がわかります。琥珀色の方解石で満たされた気室を貫く長い管は連室細管。この管は、生きていた時には気室中の液体の量を調節して浮力を変える役割がありました。

アンモナイト群集（未同定）

中生代ジュラ紀
イギリス / 幅 12cm

イギリス、サマーセット州の南部に位置する
マーストン・マグナ村からは、たくさんのアン
モナイトがノジュールに入った状態で産出しま
す。このノジュールを研磨すると、アンモナイ
トのきれいな断面が現れます。このノジュール
は「Marston Magna Ammonite Marble」と
呼ばれて親しまれてきました。この標本もその
ひとつ。茶色や黄色、白などの方解石が成長
したアンモナイトが母岩いっぱいに入っ
ています。母岩の周りには大きな方
解石の結晶が見られます。

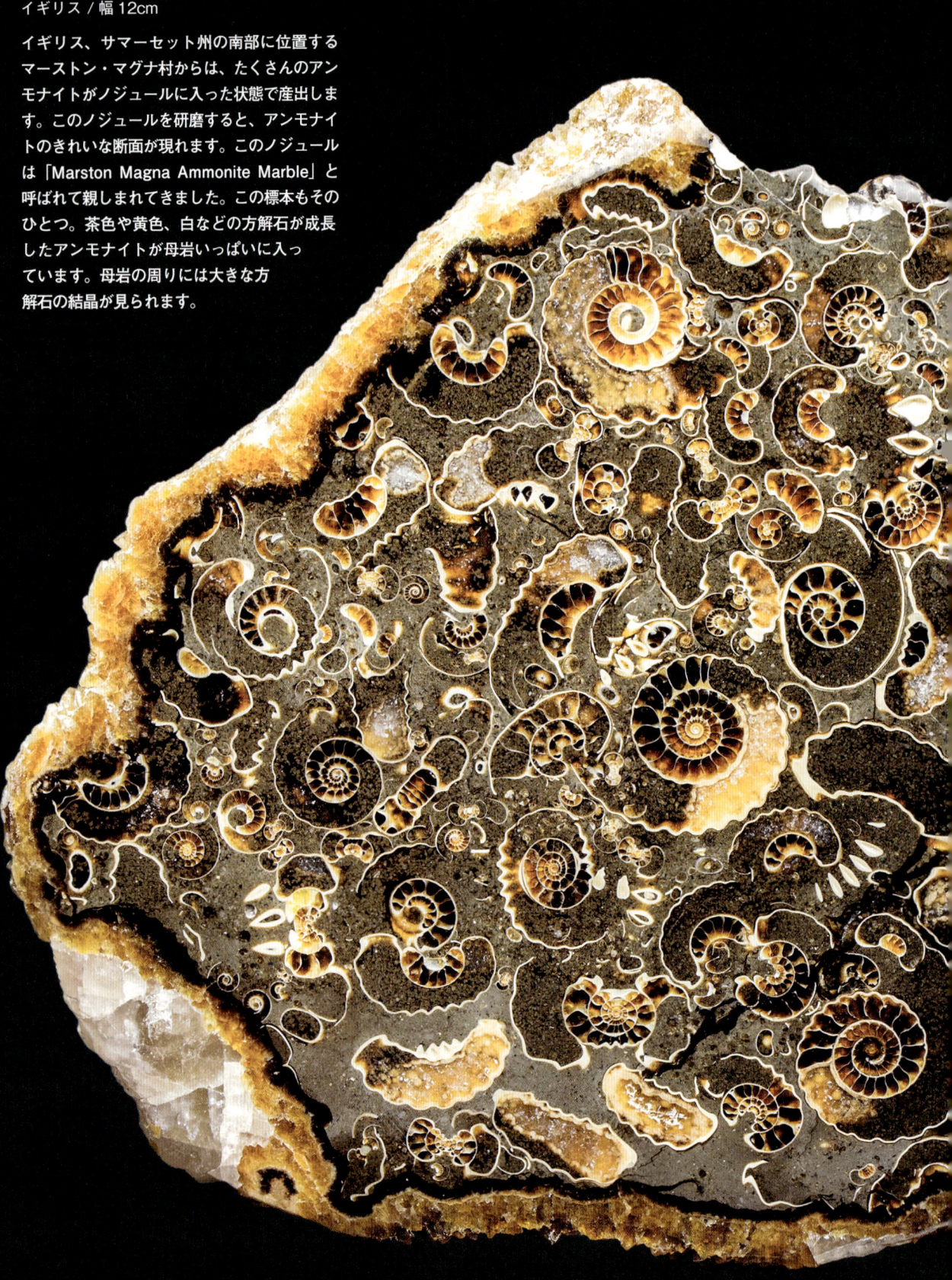

アンモナイト群集（未同定）

中生代ジュラ紀
イギリス / 長径 4.4cm

楕円形に加工された「Marston Magna
Ammonite Marble」です。横や縦、斜
めなど、様々な角度で切られたアンモナ
イトの断面が入っています。濃淡が見ら
れる方解石の結晶もとてもきれいです。

アンドロギノセラス

Androgynoceras sp.
中生代ジュラ紀
イギリス / 長径 6.5cm

アンモナイトを母岩ごとカットして研磨したもの
です。アンモナイトを満たしているものは、緑色
の方解石の結晶。琥珀色や茶色の結晶はよく見ら
れますが、緑色はなかなか見ることのできない珍
しい色です。最後の半周には方解石ではなく母岩
の泥が詰まっています。ここは生きていた時に軟
体部が入っていた住房と思われます。

トラキスカフィテス

Trachyscaphites sp.
中生代白亜紀
アメリカ合衆国 / 長径 4.5cm

殻の巻きが途中からほどける異常巻きアンモナイトです。この2枚の写真は、同じ標本の両面を撮ったもの。片面では方解石の結晶が顔を出しています。殻が一部壊れており、そこから方解石で満たされた内部を見ることができます。そしてもう片面では肋といぼがきれいに残り、遊色もかすかに輝いています。

ペリスフィンクテス

Perisphinctes sp.
中生代ジュラ紀
マダガスカル
長径 3cm

上の2枚の写真は、同じアンモナイト
を撮ったものです。殻口に小さな方解
石（かくこう）の結晶が見えています。表面の殻を
見るときれいな結晶はどこにもないよ
うに思えますが、内部には方解石がた
くさん詰まっているのかもしれません。

ペリスフィンクテス

Perisphinctes sp.
中生代ジュラ紀
マダガスカル / 厚さ 2cm

上とは別の標本の殻口を拡大した
ものです。方解石が丸い大きな塊
になって成長している様子がわか
ります。結晶がキラキラ輝いてと
てもきれいです。

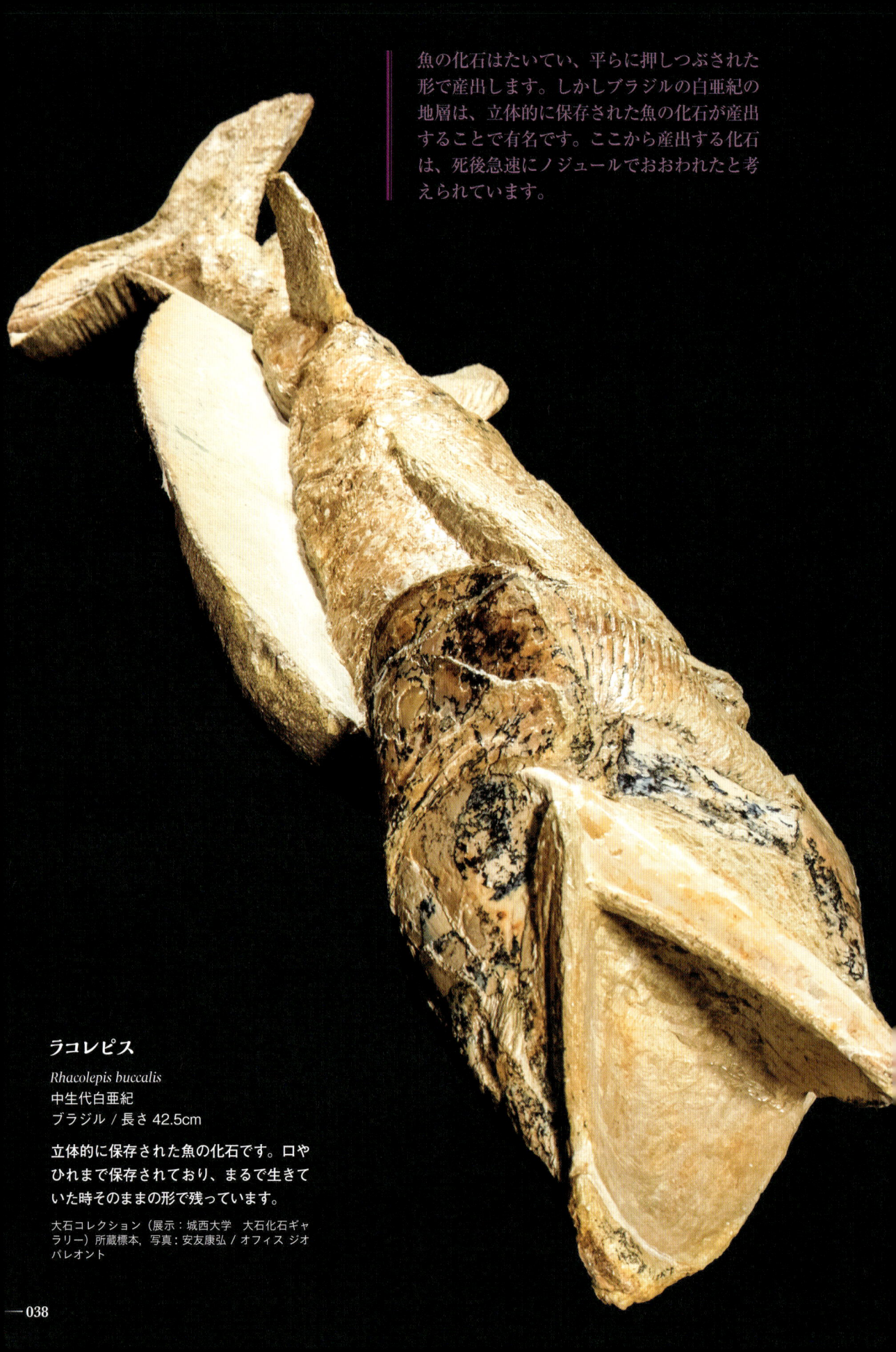

魚の化石はたいてい、平らに押しつぶされた形で産出します。しかしブラジルの白亜紀の地層は、立体的に保存された魚の化石が産出することで有名です。ここから産出する化石は、死後急速にノジュールでおおわれたと考えられています。

ラコレピス

Rhacolepis buccalis
中生代白亜紀
ブラジル / 長さ 42.5cm

立体的に保存された魚の化石です。口やひれまで保存されており、まるで生きていた時そのままの形で残っています。

大石コレクション（展示：城西大学　大石化石ギャラリー）所蔵標本，写真：安友康弘 / オフィス ジオ パレオント

ラコレピス

Rhacolepis buccalis
中生代白亜紀
ブラジル / 長さ 25cm

左の標本とは別のラコレピスの化石です。鱗の1
枚1枚まで残っています。腹部には穴が空いてお
り、そこから大きな方解石の結晶が見えています。

大石コレクション（展示：城西大学　大石化石ギャラリー）所
蔵標本，写真：安友康弘／オフィス ジオパレオント

化石の中で成長する鉱物は、方解石だけではありません。二酸化ケイ素でできた玉髄(ぎょくずい)やメノウも成長します。この2つの鉱物は、石英(せきえい)の細かい結晶が集まってブドウの房のような形になってできたものです。

サンゴ

新生代古第三紀漸新世
アメリカ合衆国 / 長さ 7.5cm

内部で玉髄が成長したサンゴの化石です。大小の丸い塊がサンゴの中一面に成長しているのがよくわかります。

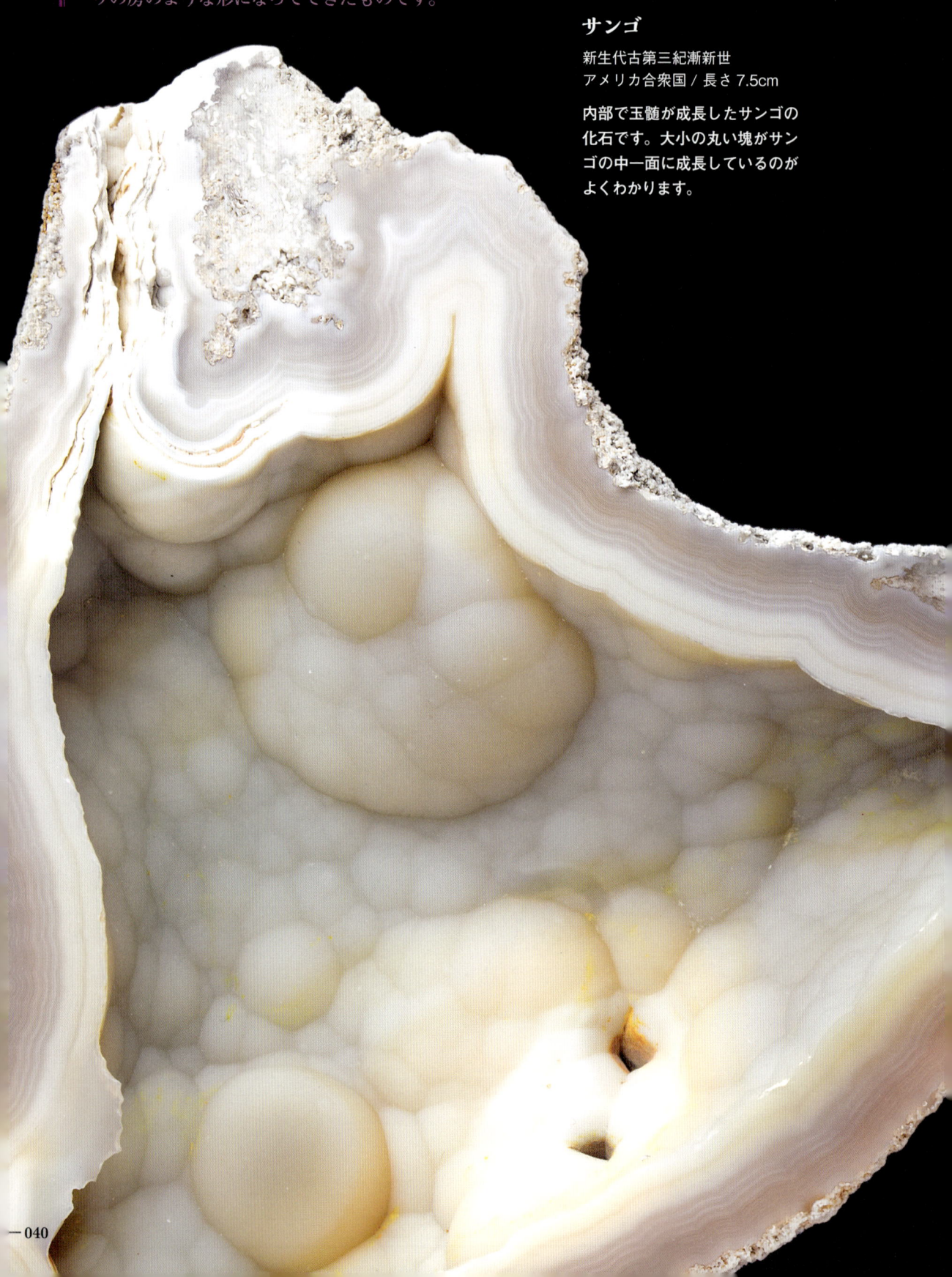

メノウ

赤やオレンジ、白などのきれいな縞模様が
できています。このような縞模様があるこ
とが、メノウの特徴です。

プティコフィロセラス

Ptychophylloceras sp.
中生代ジュラ紀
マダガスカル / 長径 8cm

気室の中で2種類の鉱物が成長しています。隔壁のすぐ内側では丸いメノ
ウが成長し、濃い茶色と薄い茶色の縞模様が見られます。気室の内側では
茶色い半透明の方解石が成長しています。方解石の成長が途中で止まり、
真ん中に空洞が空いた気室がいくつもあります。そこではとがった方解石
の結晶の形がよくわかります。

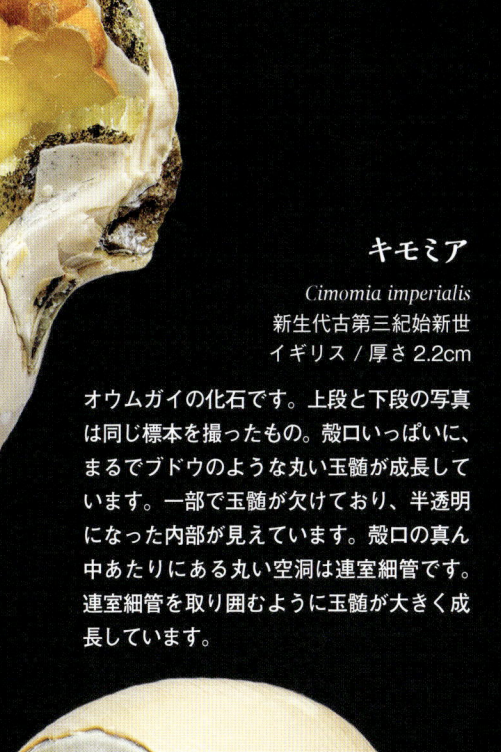

キモミア

Cimomia imperialis
新生代古第三紀始新世
イギリス / 厚さ 2.2cm

オウムガイの化石です。上段と下段の写真は同じ標本を撮ったもの。殻口いっぱいに、まるでブドウのような丸い玉髄が成長しています。一部で玉髄が欠けており、半透明になった内部が見えています。殻口の真ん中あたりにある丸い空洞は連室細管です。連室細管を取り囲むように玉髄が大きく成長しています。

これから紹介するのは、全体が金色に変化した化石たち。まるで人工物のようにも見えますが、自然によってできたものです。ただし、金色は金（Gold）の色ではありません。鉄と硫黄が反応してできた「黄鉄鉱」という鉱物です。「fool's gold（愚か者の金）」とも呼ばれています。

黄鉄鉱の結晶

四角く成長した金色の鉱物が黄鉄鉱です。写真の標本のように、立方体がいくつも組み合わさったような特徴的な形の結晶がよく見られます。

写真：Matteo Chinellato-Chinellato Photo / Getty Images

オルソセラス

Orthoceras sp.
古生代デボン紀
ドイツ / 長さ 7.5cm

殻全体が黄鉄鉱化して金色になっています。オルソセラスはまっすぐな殻をもつ頭足類です。日本語で「直角石」とも呼ばれています。オルソセラスから、アンモナイトやイカやタコが進化したと考えられています。

エボラキセラス、ヴェルツムニセラス、クエンステッドトセラス

Eboraciceras sp., *Vertumniceras* sp., *Quenstedtoceras* sp.
中生代ジュラ紀
ロシア / 母岩の幅18cm

1つの母岩に6個のアンモナイトが入っています。一番大きい殻の厚いアンモナイトはエボラキセラス、左下の小さなアンモナイトはヴェルツムニセラス、そのほかの4つのアンモナイトはクエンステッドトセラスです。どのアンモナイトも黄鉄鉱化して殻が金色になっています。そして赤や緑の遊色が輝いています。

九州大学・"オール・アンモナイト"プロジェクト所蔵標本

クエンステッドトセラス

Quenstedtoceras lamberti
中生代ジュラ紀
ロシア / 長径 4cm

母岩から完全に取り出されたクエンステッド
セラスです。黄鉄鉱化した殻はピンク色を帯び
ています。遊色の色もピンク色。ところどころ
強い輝きを放っています。

九州大学・"オール・アンモナイト"プロジェクト所蔵標本

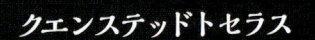

クエンステッドトセラス

Quenstedtoceras sp.
中生代ジュラ紀
ロシア / 高さ 5cm

金色に輝くクエンステッドトセラスが、カラフルな黄鉄鉱の結晶がちりばめられた母岩の上に人工的に貼り付けられています。市場に流通するロシア産の黄鉄鉱化アンモナイトには、このようにディスプレイとして加工されているものも多くあります。

クルキロビセラス

Crucilobiceras sp.
中生代ジュラ紀
イギリス / 長径 3cm

イギリスの黄鉄鉱化アンモナイトです。金色に輝く殻には太い肋や殻の外周に並んだいぼとともに、きれいな縫合線も見られます。

クエンステッドトセラス、デシャイェシテス

Quenstedtoceras sp., *Deshayesites* sp.
中生代ジュラ紀 / ロシア / 幅 10.5cm

方解石が成長した母岩の上に、アンモナイトが何個も貼り付けられています。上から 3 番目の肋の
細いクエンステッドトセラスの周りを取り囲むアンモナイトは、肋の太いデシャイェシテス。どの
アンモナイトも黄鉄鉱化し、ピンク色を帯びたきれいな色をしています。

写真：オフィス ジオパレオント

プレウロセラス

Pleuroceras sp.
中生代ジュラ紀
ドイツ
長径 4.5cm

多くのアンモナイトは、「ノジュール」、あるいは「コンクリーション」と呼ばれる硬い岩の塊に入っています。ノジュールを割ることで、その中から化石が出てくるのです。この標本は、ノジュールを割ったままのもの。右ページの標本がアンモナイトの本体、左は殻をおおっていた母岩で、本体からはがれた殻の表面がくっ付いています。どちらも全体が黄鉄鉱化して金色になっており、光を反射してきらきら輝いています。右ページの本体ではさらに、殻の表面に複雑な形をした縫合線も見えます。

コスモセラス

Kosmoceras sp.
中生代ジュラ紀
ロシア
長径 5cm

外側の半巻きほどの殻の表面が人為的にはがされ、磨かれています。気室を仕切る壁（隔壁）が鏡のように光を反射しながら細かく波打っています。気室の中は、金色にキラキラ輝く黄鉄鉱の小さな結晶で埋め尽くされています。殻の中心の方では表面の殻がしっかり残り、きれいな遊色を見ることができます。

クラスペディテス

Craspedites sp.
中生代ジュラ紀
ロシア
長径 4cm

カットして研磨されたアンモナイトの中心に同種別個体の小さな黄鉄鉱化アンモナイトが貼り付けられています。この小さなアンモナイトが、ピンク色を帯びていてとてもキュート。そして、殻の内部全体で黄鉄鉱が成長し、隔壁の内側に厚い層を作っています。この層も金色、気室の内部に見えている黄鉄鉱の小さな結晶も金色、全体が金色に光り輝いています。

ドイツ西部のラインスレート山地には、「フンスリュックスレート」と呼ばれる板状にはがれる黒い地層が分布しています。この地層からは、黄鉄鉱に置換された化石が産出します。通常、化石として保存される部分は骨や殻などの硬組織ですが、フンスリュックスレートの化石には、硬組織とともに内臓などの軟組織も保存されていることがあります。

チョテコプス

Chotecops sp.
古生代デボン紀
ドイツ / 全長 5cm

チョテコプスはフンスリュックスレートから産出する三葉虫です。三葉虫は、古生代の海にいた節足動物です。写真の標本では殻の背中側が見えています。丸いレンズがたくさん並んだ複眼も金色に輝いてよく残っています。

オーストラリアのサウス・オーストラリア州からは、オパール化した化石が産出します。オパールは、骨の中にある細かい空洞や、地層中で貝の殻が解けてできた空間に二酸化ケイ素を含んだ液体が入り込んでできると考えられています。オパール化した化石の中には、宝石のオパールと同じように、虹色の輝きをもつものも数多くあります。

ウェエワッラサウルス

Weewarrasaurus sp.
中生代白亜紀
オーストラリア / 右側の骨の長さ 2.5cm

鳥脚類の恐竜の顎の化石です。右のページの標本と合わせて、1つの顎の化石と考えられています。写真の左側が前の方、右側が後ろの方で、真ん中は失われているそうです。点線は、失われた部分を表しています（Bell et al. (2018) をもとに作成）。後ろ側の骨には、縦方向に凹凸が並んだ歯が何本も埋まっています。どちらの標本にも、青や緑の遊色が見られます。

写真：Robert A. Smith, courtesy of the Australian Opal Centre

鳥脚類のイメージ図

フォストリア

Fostoria dhimbangunmal
中生代白亜紀 / オーストラリア

フォストリアはイグアノドン類の恐竜です。イグアノドン類はジュラ紀後期から白亜紀末までいた植物食恐竜です。進化した種類では手の親指に大きなトゲがありました。フォストリアの化石は、少なくとも4体分の全身の様々な骨の化石がオパール化した状態で見つかっています。この2ページに載せている写真の標本は、そのほんの一部です。青やピンクなどのきれいなオパールに変化しています。

出典：Bell et al. (2019)

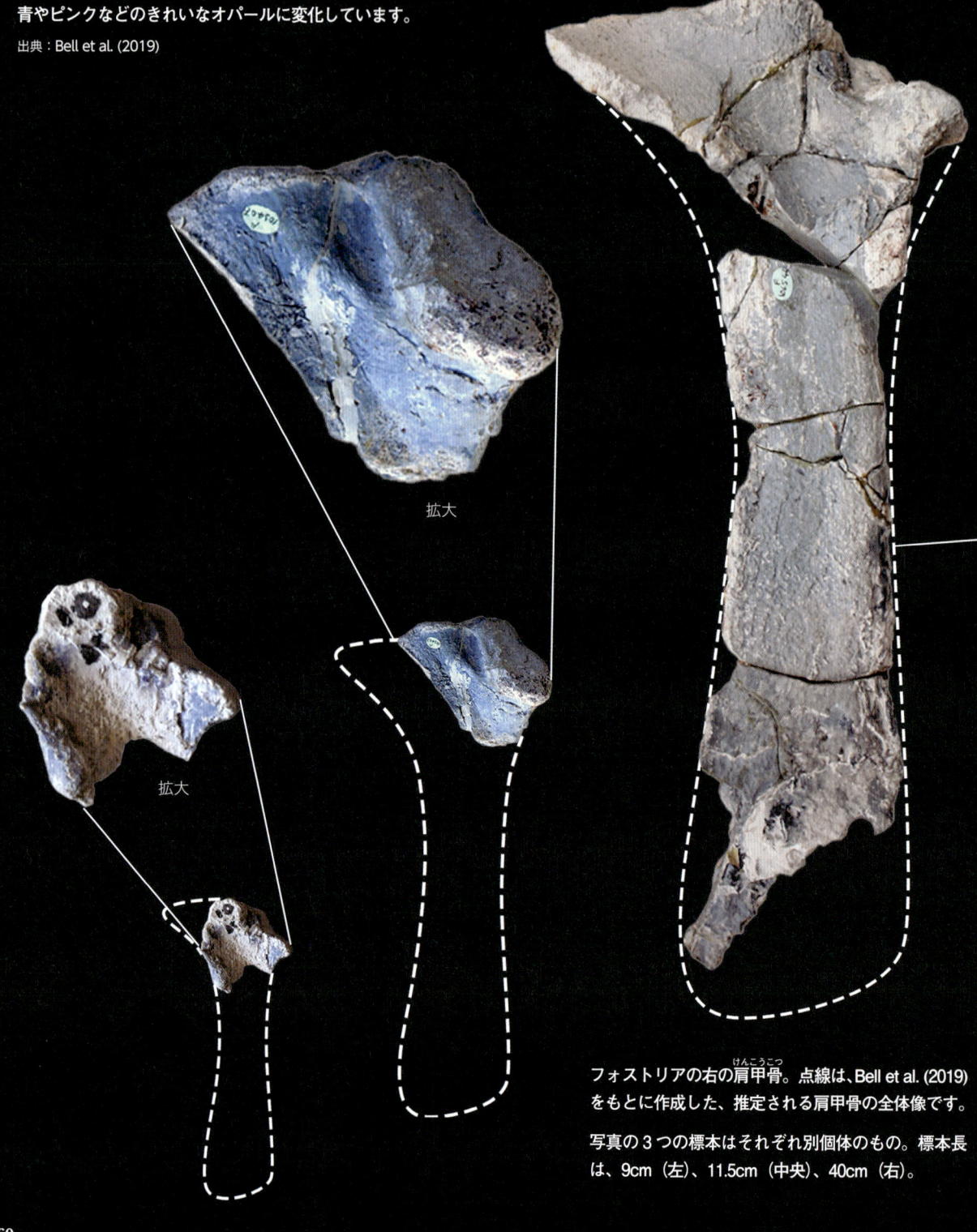

拡大

拡大

フォストリアの右の肩甲骨（けんこうこつ）。点線は、Bell et al. (2019)をもとに作成した、推定される肩甲骨の全体像です。

写真の3つの標本はそれぞれ別個体のもの。標本長は、9cm（左）、11.5cm（中央）、40cm（右）。

尾椎（左側面）。高さ12cm。

尾椎（左側面）。長さ6cm。

鳥脚類のイメージ図

胴椎（左側面）。長さ6.5cm。

左の腓骨の膝に近い部分。長さ10cm。

鳥脚類（未同定）

中生代白亜紀
オーストラリア / 長さ 15cm

鳥脚類の大腿骨の化石です。鳥脚類は、ジュラ紀後期から
白亜紀末までいた植物食恐竜です。頭部に様々な形のトサ
カをもつものがいました。写真の標本は、全体が青くオパー
ル化しています。欠けている箇所がありますが、骨の両端
まで残り、全体の形がよくわかります。

写真：Museums Victoria / Photographer: John Broomfield

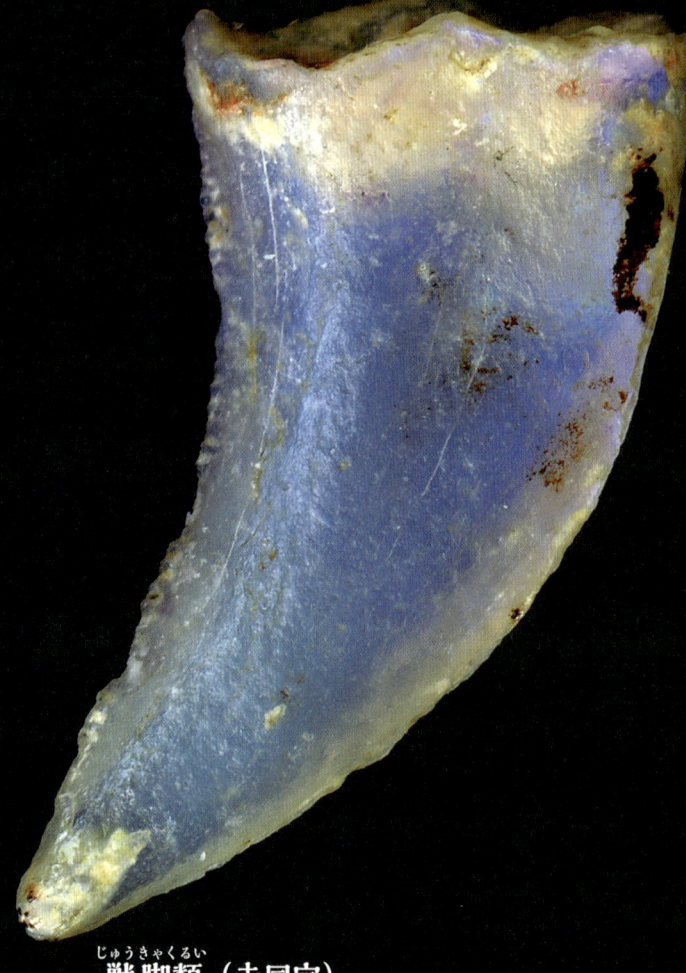

獣脚類（未同定）

中生代白亜紀
オーストラリア / 長さ 1.5cm

獣脚類の歯の化石です。獣脚類は、三畳紀から
白亜紀末までいた恐竜です。多くが肉食でした
が、雑食のものも植物食のものもいました。写
真の標本は青くオパール化して半透明になって
います。歯の縁は特に明るく輝いています。

写真：Australian Museum

クビナガリュウ（未同定）

中生代白亜紀
オーストラリア / 長さ 3.5cm

海棲爬虫類のクビナガリュウ類の歯です。クビナガリュウ類は、中生代三畳紀から白亜紀まで海にいた爬虫類です。多くの種が名前の通り、長い首をもっていました。この標本は、大部分は薄い青色で、ところどころ緑色の輝きを放っています。

ミュージアムパーク茨城県自然博物館所蔵標本,
写真：オフィス ジオパレオント

二枚貝（未同定）

中生代白亜紀
オーストラリア / 長径 3.2cm

二枚貝です。全体で、赤や黄や緑や青のカラフルな遊色が輝いています。

ミュージアムパーク茨城県自然博物館所蔵標本,
写真：オフィス ジオパレオント

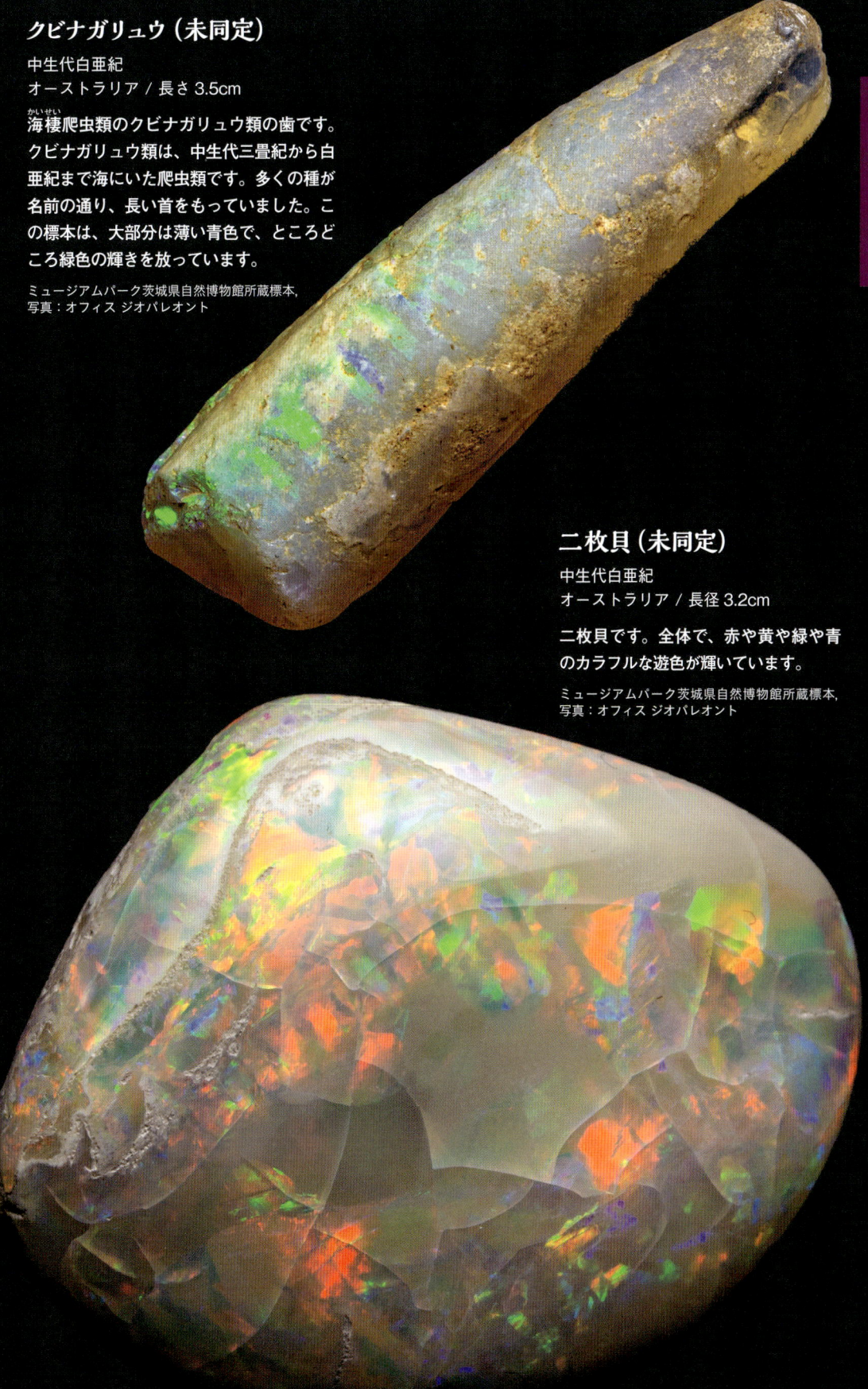

化石の内部では、いろいろな鉱物が成長します。方解石だったり、メノウだったり、はたまた、名前も聞いたことのない珍しい鉱物だったり。これらの鉱物たちは、光を受けて特有の輝きを放ちます。

ウマ

Equus sp.
新生代第四紀更新世
アメリカ合衆国 / 幅 2.5cm

ちょっと変わった形をしたこの標本は、ウマの歯を横方向にカットしたもの。歯の表面をおおうエナメル質が複雑に折れ曲がり、歯の内側にまで入り込んでいます。そして歯の中では緑色のきれいな結晶が成長しています。これは「odontolite」と呼ばれるもの。odontolite は、象牙質が化石化の途中で熱を受けて変化したフッ素燐灰石（りんかい）と考えられています。

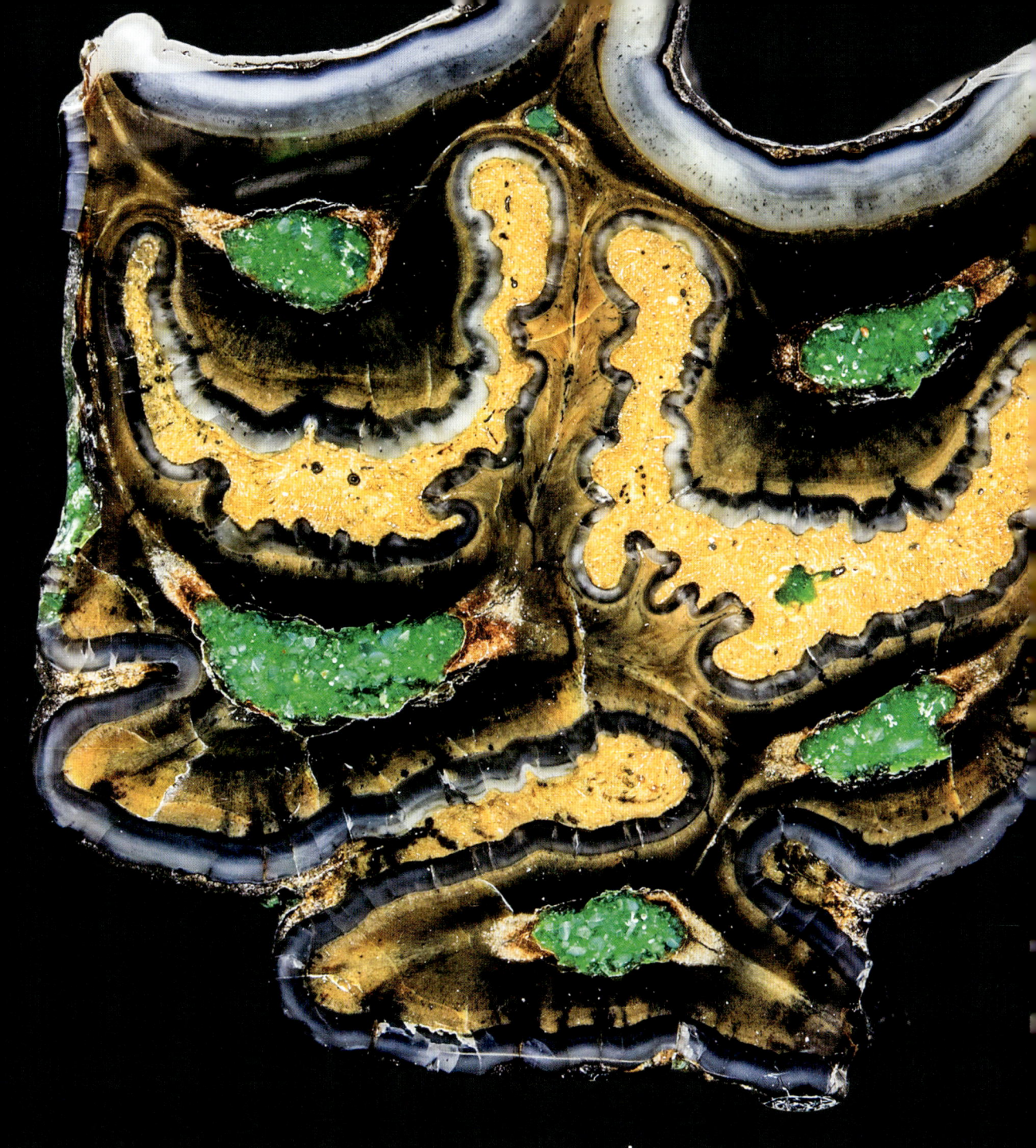

ウマ

Equus sp.
新生代第四紀更新世
アメリカ合衆国 / 幅 2.5cm

左の標本とは別の標本で、同じように横方向にカットされたものです。odontolite の緑色の周りには、黒や黄土色などの色が見られます。場所によって濃淡が異なり、色の変化が楽しめます。

方解石の結晶がきれいな輝きを放っています。これも実は化石です。このきれいな結晶をもつ化石の正体は後ほど。

とがった方解石の結晶が光を反射してきらきら輝いています。
どこかの丘でしょうか？　いえいえ、これも化石なのです。

一面に成長した玉髄の細かい結晶たち。
この結晶を内側に抱える楕円形の物体の
正体は何でしょう？

メルケナリア

Mercenaria permagna
新生代第四紀更新世
アメリカ合衆国 / 幅 9cm

きれいに方解石化した二枚貝の化石です。中で大きな
方解石の結晶が成長しています。66 〜 67 ページの写
真は、この結晶を撮ったもの。光を当てると、結晶は
オレンジ色に輝きます。

メルケナリア

Mercenaria permagna
新生代第四紀更新世
アメリカ合衆国
幅 11.5cm

左のページとは別の標本です。こちらでは殻が溶けてなくなり、様々な形に成長した方解石が一面に見えています。68〜69ページの結晶は、この標本のもの。とがった結晶がきれいに光を反射します。

巻貝（未同定）

中生代白亜紀
インド / 長さ 4.5cm

70〜71ページの物体の正体です。内部が玉髄で満たされた巻貝の化石です。黄色がかった結晶がキラキラ輝いてとてもきれい。

ひかるコラム

化石はなぜ輝く？ 1

　1章では、きれいに光る化石をいくつも紹介してきました。

　化石になる前の生き物の骨や殻などはたいてい光っていません。ではなぜ、このようにきれいな化石ができたのでしょうか？

　化石の輝きが生まれる大きな要因のひとつは鉱物です。生き物の遺骸が化石になる過程で方解石や石英、黄鉄鉱などの結晶が表面や内部に成長したり、生き物の骨や殻を構成する成分が前述のような鉱物に置換されたりすることがあります。鉱物は種類によって特定の輝きをもちます。この鉱物の輝きがきれいに表れると、化石が輝くようになるのです。

　地層には、炭酸カルシウム、二酸化ケイ素、鉄、硫黄など、さまざまな成分が含まれています。地層にどの成分が多く含まれるかによって、成長する鉱物が変わってきます。

　もう一つの大きな要因は、遊色です。遊色は、本書で紹介した化石の中では特にアンモナイトで多く見られます。アンモナイトの殻には、板状の小さな霰石が何層にも積み重なってできた真珠層という層があります。この真珠層が光を複雑に反射することによって、虹色のきれいな輝きが生まれるのです。

　真珠層が厚いほど輝きが強くなります。8ページから12ページで紹介したアンモライトは、特に厚い真珠層をもちます。このため、宝石として扱われるほど強く輝くのです。

白やかな化石

ケナガマンモスは、約80万年前〜約1万年前にユーラシア大陸と北米大陸の高緯度地域に棲んでいたゾウ類です。全身を長い毛でおおわれていました。シベリアなどからその臼歯（し）の化石が多く見つかっています。この臼歯の上面は、洗濯板のような盛り上がりがたくさん並んだ特徴的な形をしています。同じような盛り上がりは現在のゾウ類の歯にもありますが、ケナガマンモスの歯ではこの盛り上がりの数が現生ゾウ類よりも多いのです。

ケナガマンモス

Mammuthus primigenius
新生代第四紀更新世
ロシア
全体の長さ 21cm

ケナガマンモスの歯を半分にカットしたもの。断面の上にある写真は、同じ標本を上から撮ったものです。この標本の外側は茶色ですが、内部は明るいクリーム色をしています。実は、ケナガマンモスの歯は薄い板が何枚もくっついてできています。薄い板の外側は白いエナメル質で囲まれ、内側に薄いクリーム色の象牙質があります。そして板同士はセメント質で接着されています。セメント質は濃淡のあるクリーム色です。色合いの異なる３色の縞模様がとてもきれいです。

テロセラス

Teloceras sp.
中生代ジュラ紀
イギリス / 長径 4cm

肋が発達した厚みのある殻をもつアンモナイトです。殻全体
が白く方解石化しています。表面の殻がはがれたところから
は、きれいな模様（縫合線）も見えています。

ゴニアタイト（未同定）

古生代デボン紀
モロッコ / 長径 31.5cm

ゴニアタイトは、デボン紀からペルム紀ま
でいたアンモナイト類です。殻が密にらせ
ん状に巻いていました。写真の標本は、そ
のゴニアタイトが入った母岩を薄く切り出
して八角形に加工し、お皿にしたものです。
母岩全体に、白く方解石化したゴニアタイ
トが入っています。

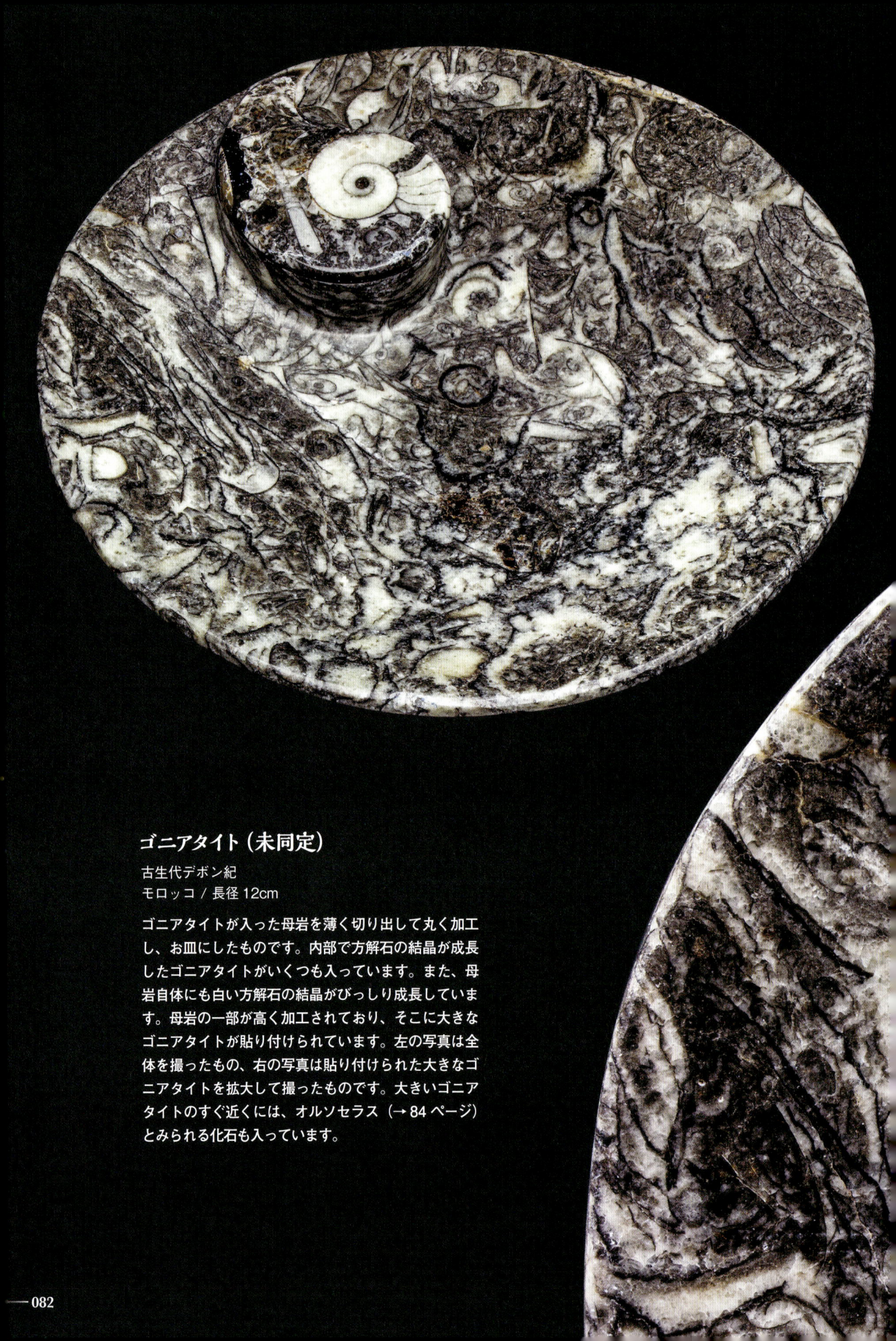

ゴニアタイト（未同定）

古生代デボン紀
モロッコ / 長径 12cm

ゴニアタイトが入った母岩を薄く切り出して丸く加工し、お皿にしたものです。内部で方解石の結晶が成長したゴニアタイトがいくつも入っています。また、母岩自体にも白い方解石の結晶がびっしり成長しています。母岩の一部が高く加工されており、そこに大きなゴニアタイトが貼り付けられています。左の写真は全体を撮ったもの、右の写真は貼り付けられた大きなゴニアタイトを拡大して撮ったものです。大きいゴニアタイトのすぐ近くには、オルソセラス（→ 84 ページ）とみられる化石も入っています。

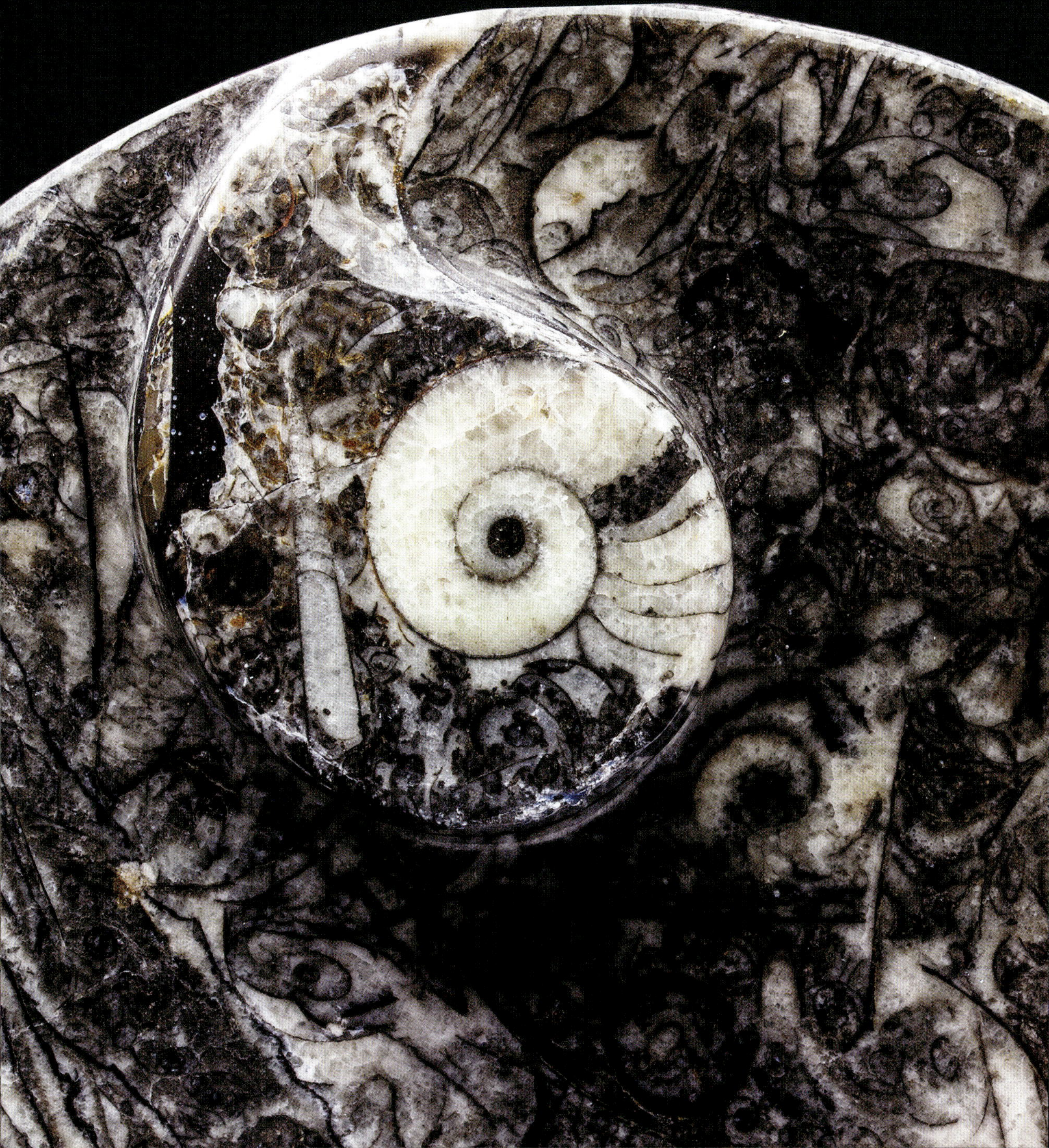

オルソセラス

Orthoceras sp.
古生代デボン紀
モロッコ / 長さ 6cm

オルソセラスが入った母岩を涙型に研磨したものです。
いくつもの気室に分かれた殻の内部がきれいに見えてい
ます。標本の中には連室細管が見えるものもあります。

ネオメガロドン

Neomegalodon sp.
中生代三畳紀
イタリア / 長さ 9cm

ちょっと変わったハート形をしたこの標本
は、二枚貝の化石です。殻が少し巻いたよ
うな形をしています。化石全体に白い方解
石の結晶が成長しています。

マギルス

Magilus antiquus
新生代新第三紀鮮新世
インドネシア / 長さ 4.7cm

巻貝の化石です。上段の写真が標本を上
から撮ったもの、下段の写真が同じ標本
を殻口が見えるように撮ったものです。
殻の内部が半透明の霰石で充てんされて
います。これは化石化の途中で充てんさ
れたのではなく、生きているときに充て
んされたものと考えられています。

コモンダカラ

Erosaria erosa
新生代第四紀更新世
キリバス / 長さ 3cm

現在でもインド洋や太平洋の沿岸で生きているタカラガイの化石です。タカラガイは巻貝ですが、成体の殻にはほかの巻貝のようならせん形は見られず、殻口が細長く開いています。この標本は殻の模様が抜けて真っ白になっています。左ページの上の写真が腹側を撮ったもの、右ページの上の写真が背側を撮ったものです。タカラガイの殻は磁器のようにつるつるしています。化石でもその質感が残っています。

エジプトダカラ

Erosaria nebrites
新生代第四紀更新世
エジプト / 長さ 2cm

現在でもエジプト周辺の海で生きているタカラガイの化石です。上の写真の標本とは別の標本です。白い殻は光をよく通し、明るく透けています。

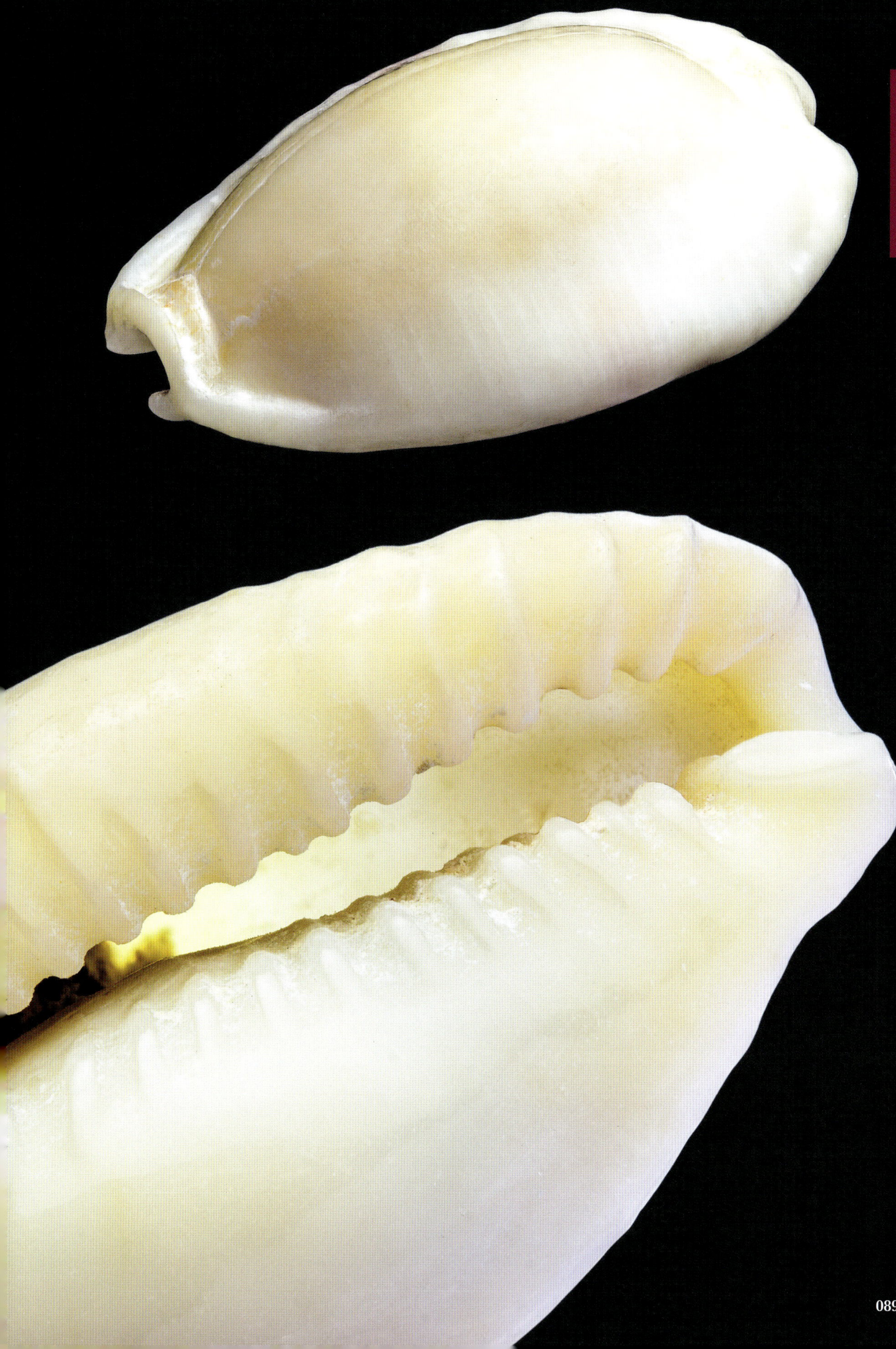

レプタエナ

Leptaena sp.
古生代デボン紀
アメリカ合衆国 / 幅 3cm

腕足動物の化石です。白い殻は光を反射し、
同心円状に波打ったような凹凸がはっきり
わかります。腕足動物は2枚の殻をもち,
一見すると二枚貝に似た形をしています。
しかし二枚貝とは全く別の動物で, 二枚貝
の殻が左右非対称であるのに対し, 腕足動
物の殻は左右対称となっています。

四放サンゴ（未同定）

古生代石炭紀
日本／長さ 2.5cm

白く方解石化した四放サンゴの化石です。四放サンゴは古生代オルドビス紀からペルム紀まで生きていたサンゴです。この標本のように角のような形をした単体サンゴと、群体サンゴがいました。この標本は新潟県糸魚川市に分布する青海石灰岩（おうみせっかいがん）という石灰岩から産出したものです。

モンタストラエア

Montastraea cavernosa
新生代第四紀更新世
アメリカ合衆国 / 幅 5cm

現在でも生きている群体サンゴ、モンタストラエアの骨格が化石
になったものです。左ページの写真が全体を、右ページの写真が
同じ標本の上面を撮ったものです。骨格全体が白く方解石化して
います。骨格には軟体部が入っていた小さな穴が空いており、穴
の周りは細かいギザギザで縁取られています。上から見ると、ま
るで和柄のような美しさです。

アルカエオキアトゥス

Archaeocyathus atlanticus
古生代カンブリア紀
ロシア / 母岩の長径 16cm

古杯類（こはいるい）の化石が入った母岩をカットして研磨したものです。古杯類は盃のような形をした無脊椎（むせきつい）動物です。海綿（かいめん）動物と考えられています。右のページの写真は同じ標本の右端を拡大して撮ったものです。細かい部屋に分かれた円形の部分が古杯類の断面です。円形の構造の内側で方解石の結晶が成長しています。

ひかる**コラム**……… 2

殻がなくなった化石

この本に載っている化石のほとんどは、殻や骨、歯などの生物の体（の一部）が化石になったものです。しかし生き物の体自体はなくなってしまい、体の痕だけが地層に残ることがあります。

例えば、63ページで紹介したオパール化した二枚貝の化石もそのようにしてできたものです。この化石は殻がきれいにオパール化しているように見えます。しかし、実際には殻自体は残っていないのです。殻自体は溶けてなくなってしまい、殻があった場所にできた空洞に、オパールが成長してできたものです。

日本にもこのようにしてできた有名な化石があります。

下の左の写真は、岐阜県瑞浪市から産出した「月のお下がり」と

呼ばれる化石です。右の写真のビカリア（*Vicarya*）という巻貝の殻の内部でオパールや玉髄が成長し、殻が無くなってできたものです。

写真の月のお下がりは場所によって色合いが異なり、化石の上の方では透明感があります。トゲなどが発達した殻と大きく異なり、月のお下がりはつるっとした管が立体的にらせん形に巻いたような形をしています。これがビカリアの殻の内部の形なのです。

月のお下がりという呼び名の「お下がり」とはうんちのこと。この化石は古くから知られており、「月の糞」とも呼ばれていました。また、オパールや玉髄ではなく方解石が成長してできた化石もあります。これは「日のお下がり」と呼ばれています。

写真：瑞浪市化石博物館

漆黒の化石

アメリカ、ロサンゼルス市内にある「ランチョ・ラ・ブレア」という場所には、マンモスやスミロドン、オオナマケモノなどの大型の哺乳類を含む、地上に生きていた様々な動植物の化石を大量に産出する地層があります。この場所では、約4万年前から粘性の高い天然の"タール"が地中から湧き出しています。ランチョ・ラ・ブレアから産出する化石は、この"タール"がたまってできた沼にはまって抜けられなくなり、死んでいった動物たちの遺骸なのです。

スミロドン

Smilodon fatalis
新生代第四紀更新世
アメリカ合衆国 / 頭胴長 1.7m

ランチョ・ラ・ブレアから産出したスミロドンの化石です。スミロドンは、「サーベルタイガー」として知られる、長い犬歯をもつネコ類の代表的な種です。この標本の色は全体的に褐色です。ランチョ・ラ・ブレアから産出する化石は、タールがしみ込んだために、このような暗い色を呈するのです。

La Brea Tar Pits & Museum からミュージアムパーク茨城県自然博物館に貸し出されている標本，写真：安友康弘 / オフィス ジオ パレオント

メガロドンは史上最大のサメです。その全長は、小さくても 11m、最も大きい見積もりで 20m と推測されています。メガロドンの化石としてもっとも有名なものは、歯です。幅広い三角形の形をしており、縁には肉を切り裂くのに適したギザギザ（鋸歯）が並んでいます。そして大きさは 10cm 超！　大型の肉食のサメとして知られるホホジロザメの化石で見つかる歯の大きさが 4cm ほどですので、その倍以上の大きさがあることになります。この恐ろしい歯の化石が世界中から見つかっています。

メガロドン

Carcharocles megalodon
新生代新第三紀中新世
アメリカ合衆国 / 斜めの長さ 12cm

メガロドンの歯は口の外側を向いた面が平らで内側を向いた面がふくらんでいました。この写真はメガロドンの歯の外側を向いた面を撮ったものです。この標本の形はきれいな三角形。そして歯の縁には鋸歯がびっしり並んでいます。色は全体的に黒色で、わずかに青みを帯びています。

メガロドン

Carcharocles megalodon
新生代新第三紀中新世
アメリカ合衆国
斜めの長さ 16cm

左ページの標本とは別の標本です。この歯の長さは約16cm。10cm そこそこのサイズのメガロドンの歯も多い中で、立派な大きさです。この写真は内側を向いた面を撮ったもの。全体的に黒みを帯びた歯は光を反射して鈍く輝いています。白色や茶色、灰色や黒色など、メガロドンの歯の化石の色は、周囲の地層や化石の保存状態によって違ってきます。その中でも黒みを帯びた化石は妖艶な輝きを放って特に魅力的です。

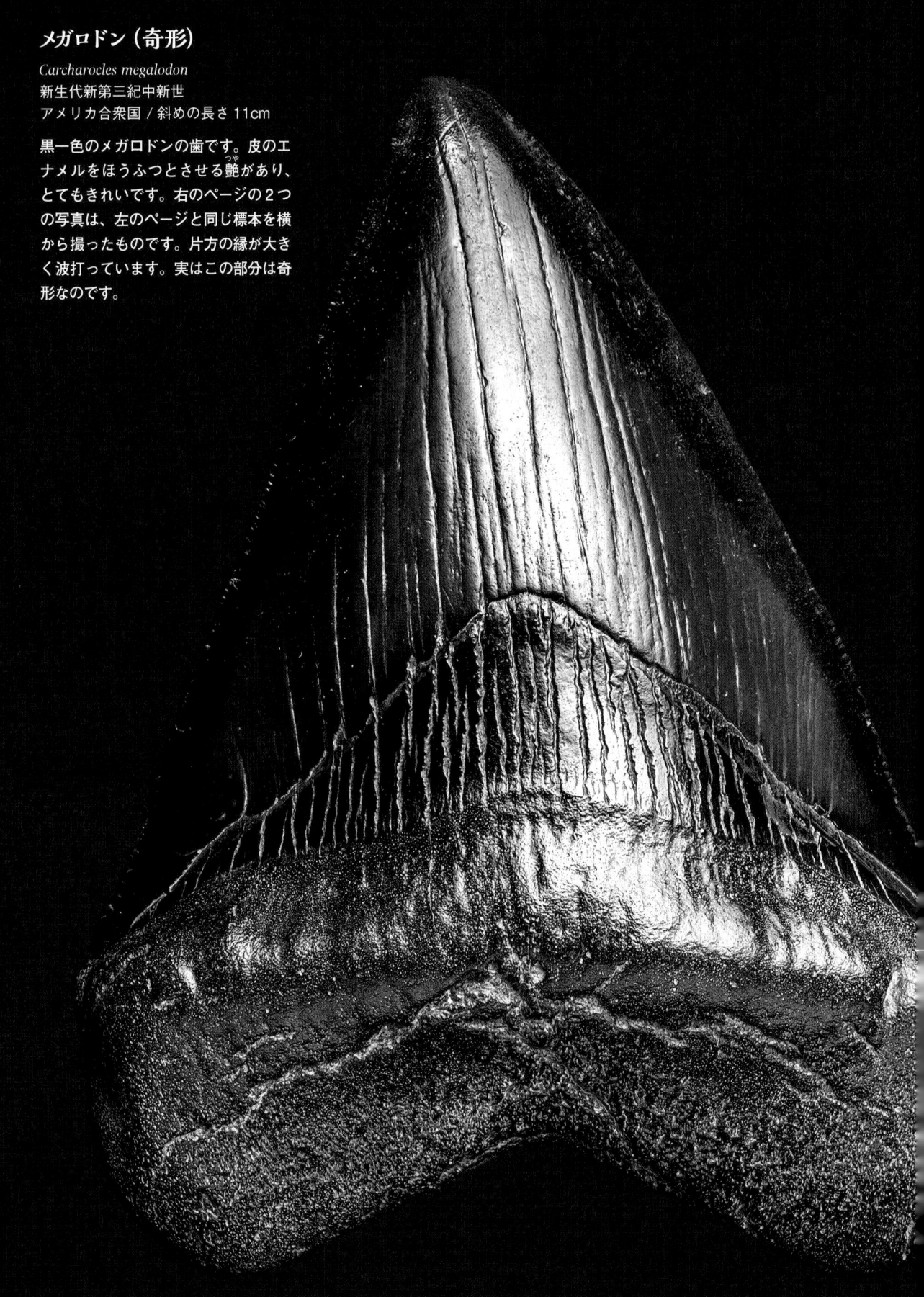

メガロドン（奇形）

Carcharocles megalodon
新生代新第三紀中新世
アメリカ合衆国 / 斜めの長さ 11cm

黒一色のメガロドンの歯です。皮のエ
ナメルをほうふつとさせる艶があり、
とてもきれいです。右のページの2つ
の写真は、左のページと同じ標本を横
から撮ったものです。片方の縁が大き
く波打っています。実はこの部分は奇
形なのです。

デスモスチルス

Desmostylus hesperus
新生代新第三紀中新世
アメリカ合衆国 / 長さ 3.5cm

絶滅哺乳類デスモスチルスの臼歯（きゅうし）です。何本もの海苔巻きを束ねたような奇妙な形をしています。この標本は化石化の過程で色が変化し、艶のある黒い色となっています。形と相まって、本当に海苔巻きそっくりです。デスモスチルスは、中新世の太平洋沿岸に棲息していた哺乳類です。四肢を横に張り出したカバのような姿をしていたと考えられています。

デスモスチルスの復元図

ディプロドクス

Diplodocus sp.
中生代ジュラ紀
アメリカ合衆国 / 長さ 3cm

植物食恐竜ディプロドクスの歯の化石です。ディプ
ロドクスは長い首と長い尾をもつ竜脚類です。顎に
は写真のような細長い，鉛筆のような形をした歯が
生えていました。左の写真が側面を撮ったもの，右
の写真が同じ標本の後ろの面を撮ったものです。黒
光りする歯の表面にはたくさんの細かい凹凸がはっ
きり残り，複雑に光を反射しています。

ディプロドクスの復元図

カナダ、ブリティッシュ・コロンビア州のカナディアン・ロッキーには、古生代カンブリア紀中期に生きていた様々な動物の化石を産出する地層があります。この地層は「バージェス頁岩（けつがん）」と呼ばれています。ここから産出する化石には、殻などの硬組織（こうそしき）だけではなく、軟組織（なんそしき）も保存されています。このため、通常は化石に残らない軟組織しかもたない動物の化石も多く発見されているのです。

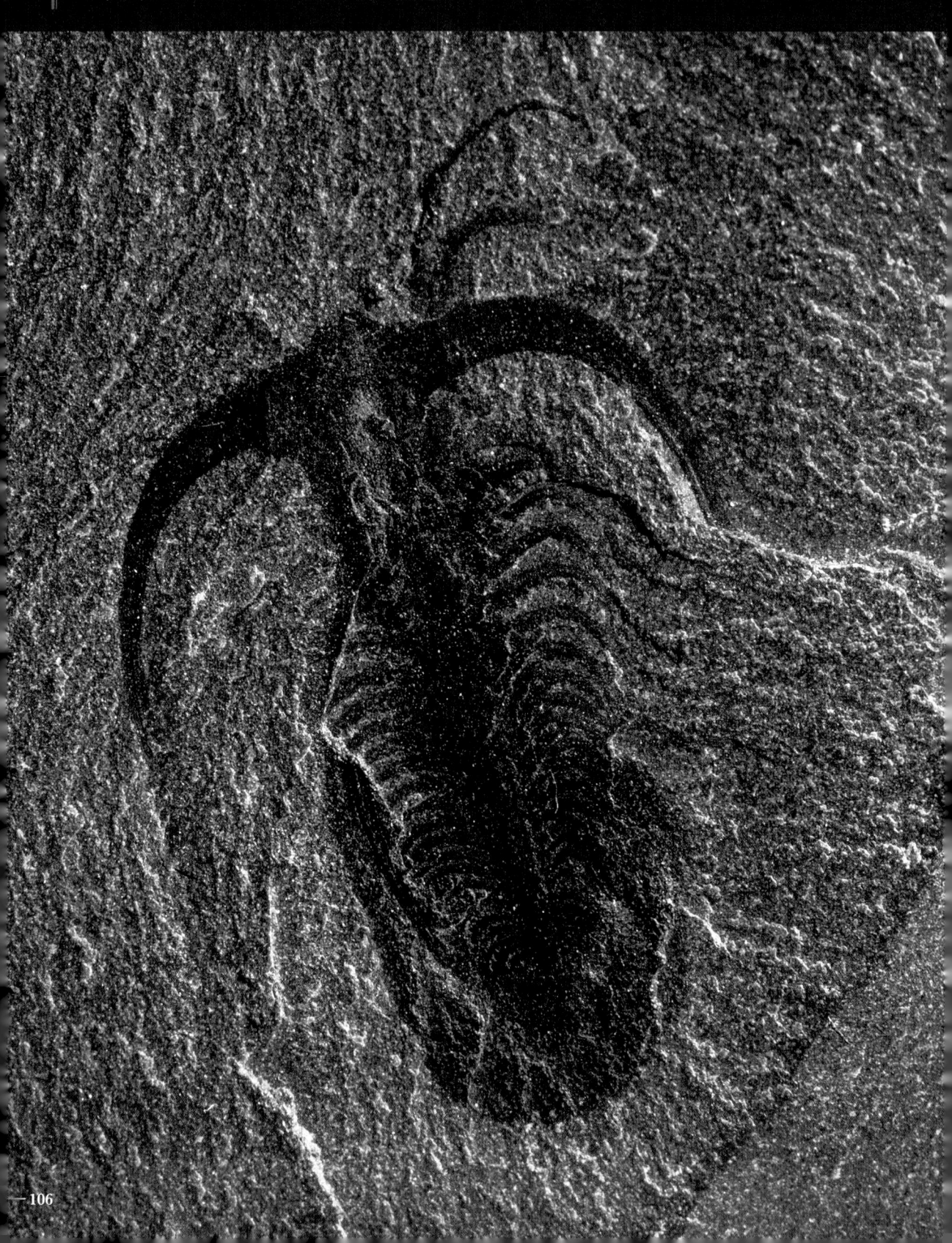

マルレラ

Marrella splendens
古生代カンブリア紀
カナダ／全長 1.5cm

節足動物マルレラの化石です。左ページの写真と右ページの写真は同じ標本を光の角度を変えて撮ったもの。バージェス頁岩の化石は、カルシウムやアルミニウムを含むケイ酸塩鉱物の被膜（ひまく）でおおわれています。化石を傾けるとこの被膜が光を反射して化石が銀色に輝きます。この標本でも、触角やトゲ、細かい肢などが銀色に輝いています。

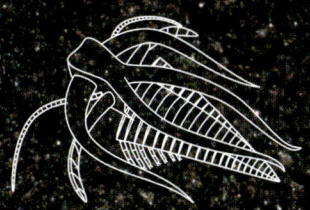

マルレラの復元図

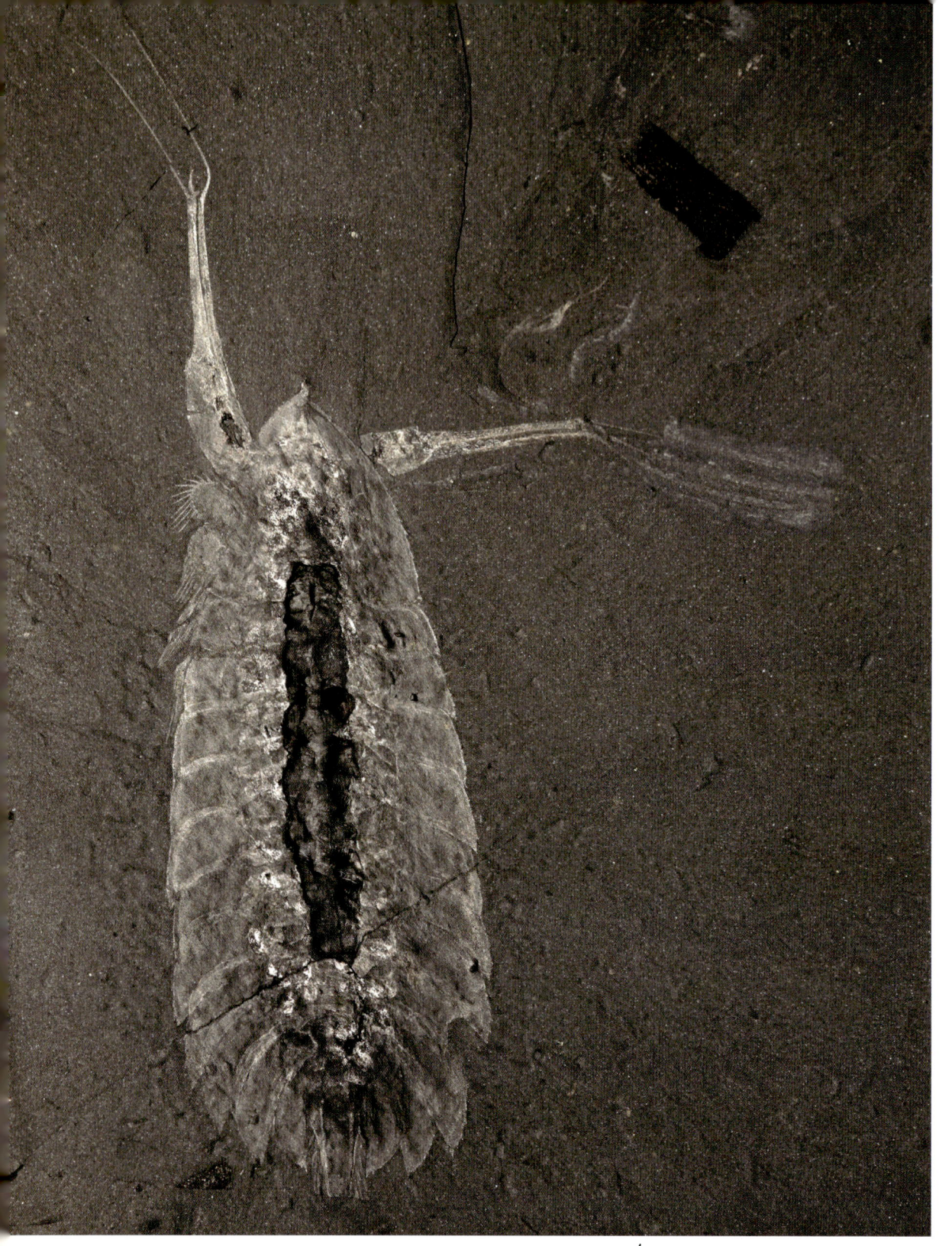

レアンコイリア

Leanchoilia superlata
古生代カンブリア紀
カナダ / 全長 10cm

体の前に長い触手（大付属肢）をもつ節足動物レアンコイリアの化石です。体は 10 個以上の節に分かれていました。写真の標本では体や大付属肢が銀色に輝いています。特に大付属肢が明るく、鞭のように長く伸びた部分もはっきりわかります。真ん中の黒い部分は消化管です。

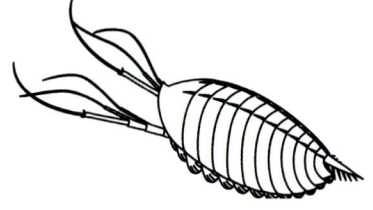

レアンコイリアの復元図

オパビニア

Opabinia regalis
古生代カンブリア紀
カナダ / 全長 7cm

オパビニアは、体の左右にひれが何枚も並び、頭部の先端からはゾウの鼻のようなノズルが伸びるという奇妙な形をした節足動物です。眼は頭部の上に5個もありました。この標本では、眼が特に明るく銀色に輝いています。

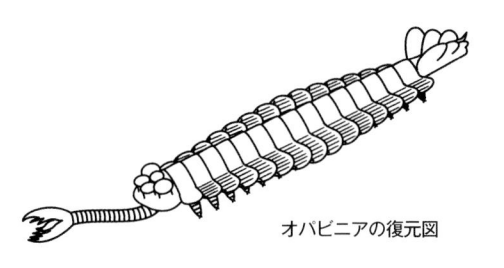

オパビニアの復元図

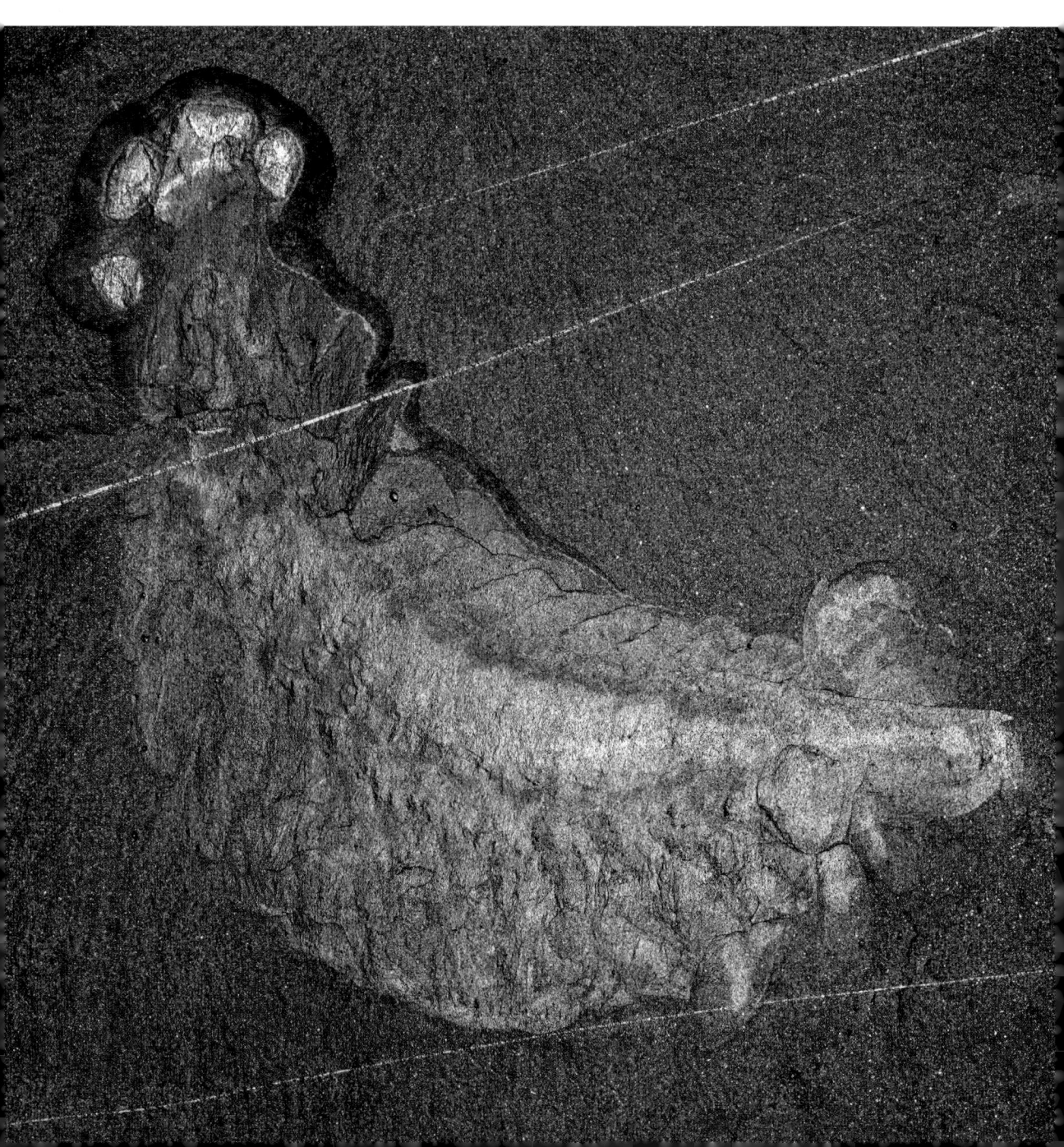

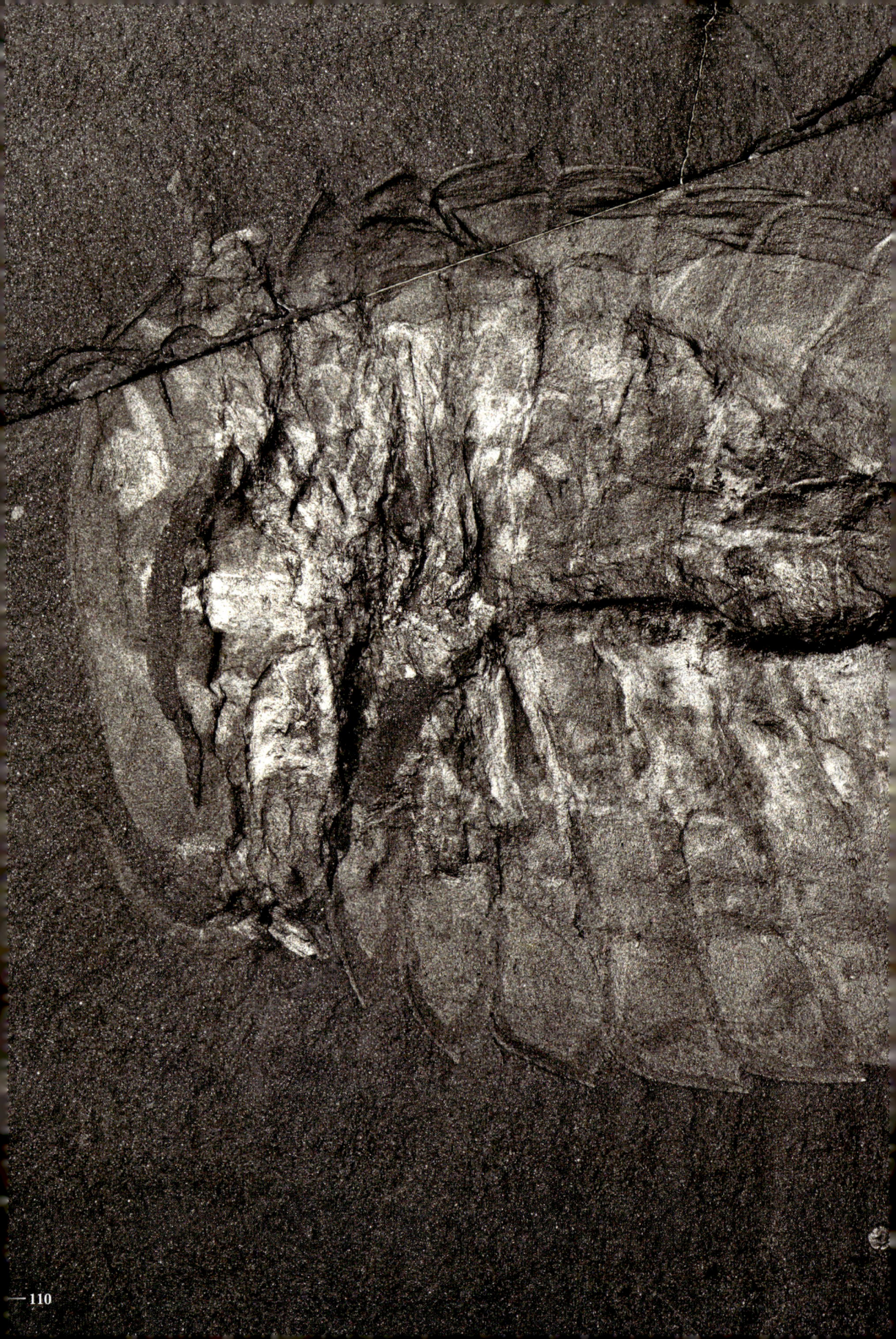

シドネイア

Sidneyia inexpectans
古生代カンブリア紀
カナダ / 全長 9.5cm

節に分かれた幅広い体をもつ節足動物シドネイアの化石です。シドネイアは、全長数 cm のものが多いバージェス頁岩の動物の中で、最大で 16cm もの巨体の持ち主です。海底付近を移動して、獲物を捕まえて食べていたと考えられています。写真の標本では輪郭がはっきりわかり、体の中心部が特に明るく輝いています。

シドネイアの復元図

オダライア

Odaraia alata
古生代カンブリア紀
カナダ / 全長 8cm

節足動物オダライアの化石です。
オダライアの体の大部分は2枚
の殻でおおわれていました。写真
の標本では体が明るく輝き、後ろ
に向かって細くなっていく様子が
はっきりわかります。体の前で明
るく輝いている大きな2つの丸は、
眼です。体の左右に大きな殻があ
るのも確認できます。

オダライアの復元図

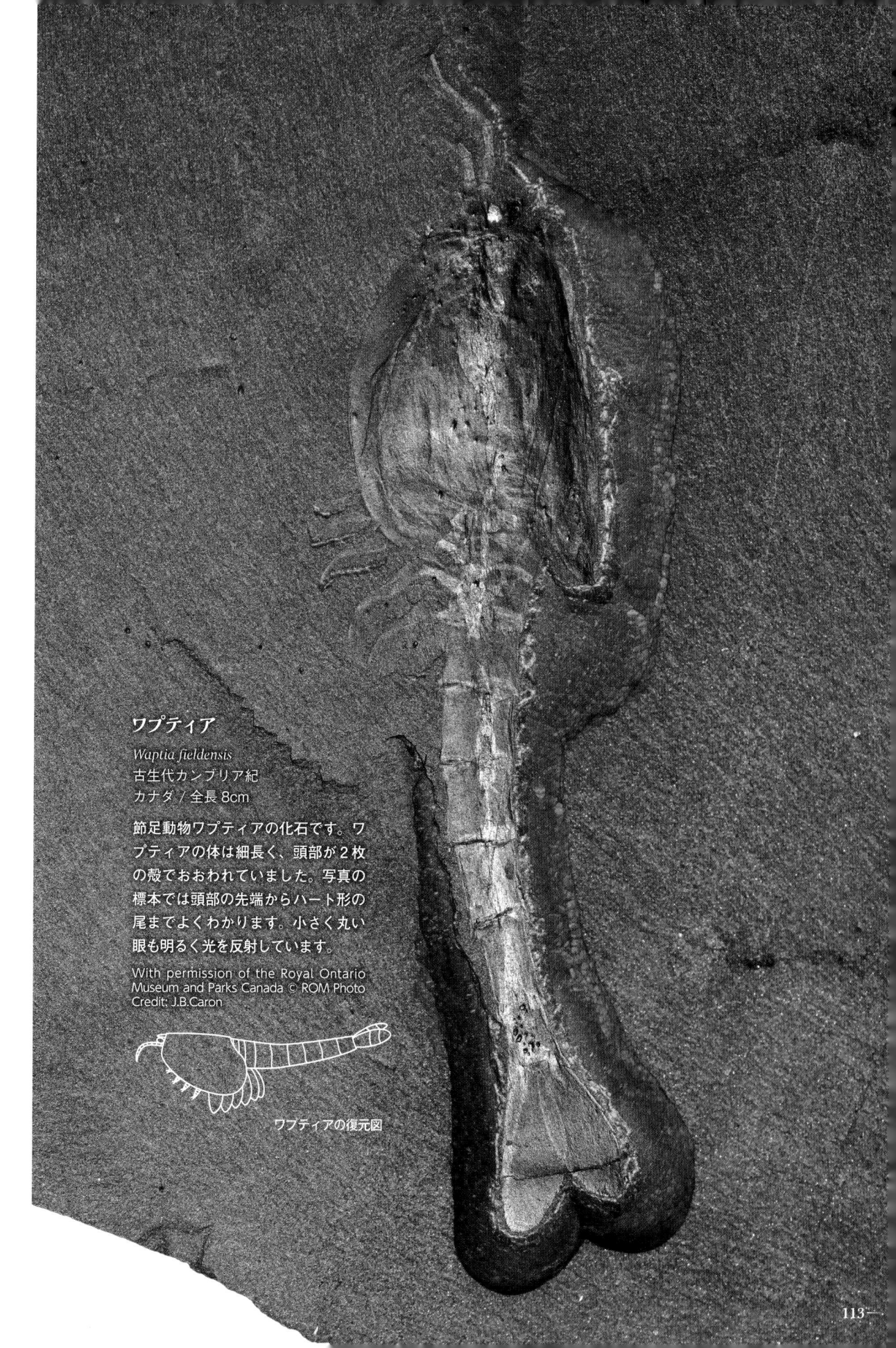

ワプティア

Waptia fieldensis
古生代カンブリア紀
カナダ / 全長 8cm

節足動物ワプティアの化石です。ワ
プティアの体は細長く、頭部が2枚
の殻でおおわれていました。写真の
標本では頭部の先端からハート形の
尾までよくわかります。小さく丸い
眼も明るく光を反射しています。

ワプティアの復元図

イソクシス

Isoxys acutangulus
古生代カンブリア紀
カナダ / 全長 2.5cm

大きな2枚の殻を背負った節足動物イソクシスの化石です。頭部の前には真ん丸の眼が飛び出していました。写真の標本では、殻や眼、肢など、全体的に銀色に輝いています。真ん中の黒く盛り上がった部分は消化管です。

With permission of the Royal Ontario Museum
and Parks Canada © ROM Photo Credit: J.B.Caron

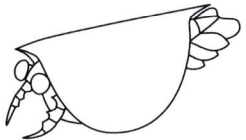

イソクシスの復元図

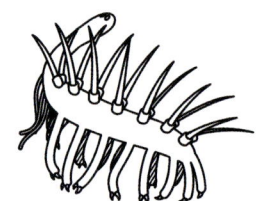

ハルキゲニアの
復元図

ハルキゲニア

Hallucigenia sparsa
古生代カンブリア紀
カナダ / 全長 1.5cm

ハルキゲニアは細長い体の無脊椎動物です。背中には7対の長いトゲが、腹側には7対の細長い肢がありました。写真の標本では細長い体がよくわかり、トゲが明るく輝いています。

With permission of the Royal Ontario Museum
and Parks Canada © ROM Photo Credit: J.B.Caron

ウィワクシア

Wiwaxia corrugata
古生代カンブリア紀
カナダ / 全長 5cm

ウィワクシアの体は、腹側（下側）を除いて鱗の
ような構造（硬皮）でおおわれ、背中からは長い
トゲが伸びています。このような見た目でも、軟
体動物だと考えられています。写真の標本は、ウィ
ワクシアの形がよくわかるもの。硬皮もトゲも明
るく輝いています。

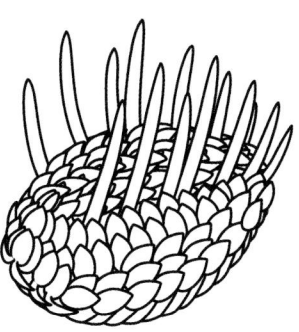

ウィワクシアの復元図

カナディア

Canadia spinosa
古生代カンブリア紀
カナダ / 全長 3cm

カナディアは剛毛を多数もつ環形動物です。体は20個以上の節に分かれ、その左右から何本もの剛毛が伸びていました。また、頭部の前には長い触角がありました。写真の標本では体全体が明るく輝いています。剛毛も1本1本きれいに輝き、頭部の下に折れ曲がった触角もはっきりわかります。

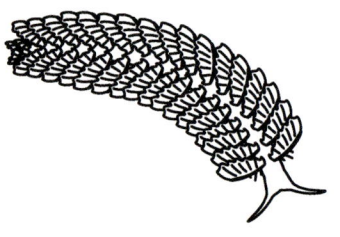

カナディアの復元図

バージェソキータ

Burgessochaeta setigera
古生代カンブリア紀
カナダ / 全長 2.5cm

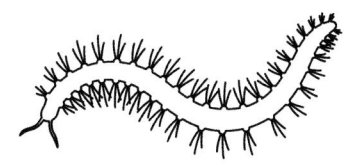

バージェソキータの復元図

バージェソキータは細長い体の環形動物です。カナディアと同じように、体の左右から剛毛が伸びていました。写真の標本では剛毛が明るく輝いています。

オットイア

Ottoia prolifica
古生代カンブリア紀
カナダ / 全長 14cm

鰓曳動物オットイアの化石です。オットイアの体の先端には、トゲの生えた長く伸びる吻部がありました。写真の標本のように体を U 字型に曲げた化石がよく発見されています。このような姿勢で海底の泥の中に潜っていたと考えられています。写真では消化管の内容物が明るく光っています。

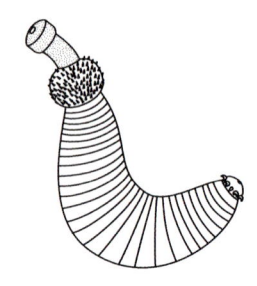

オットイアの復元図

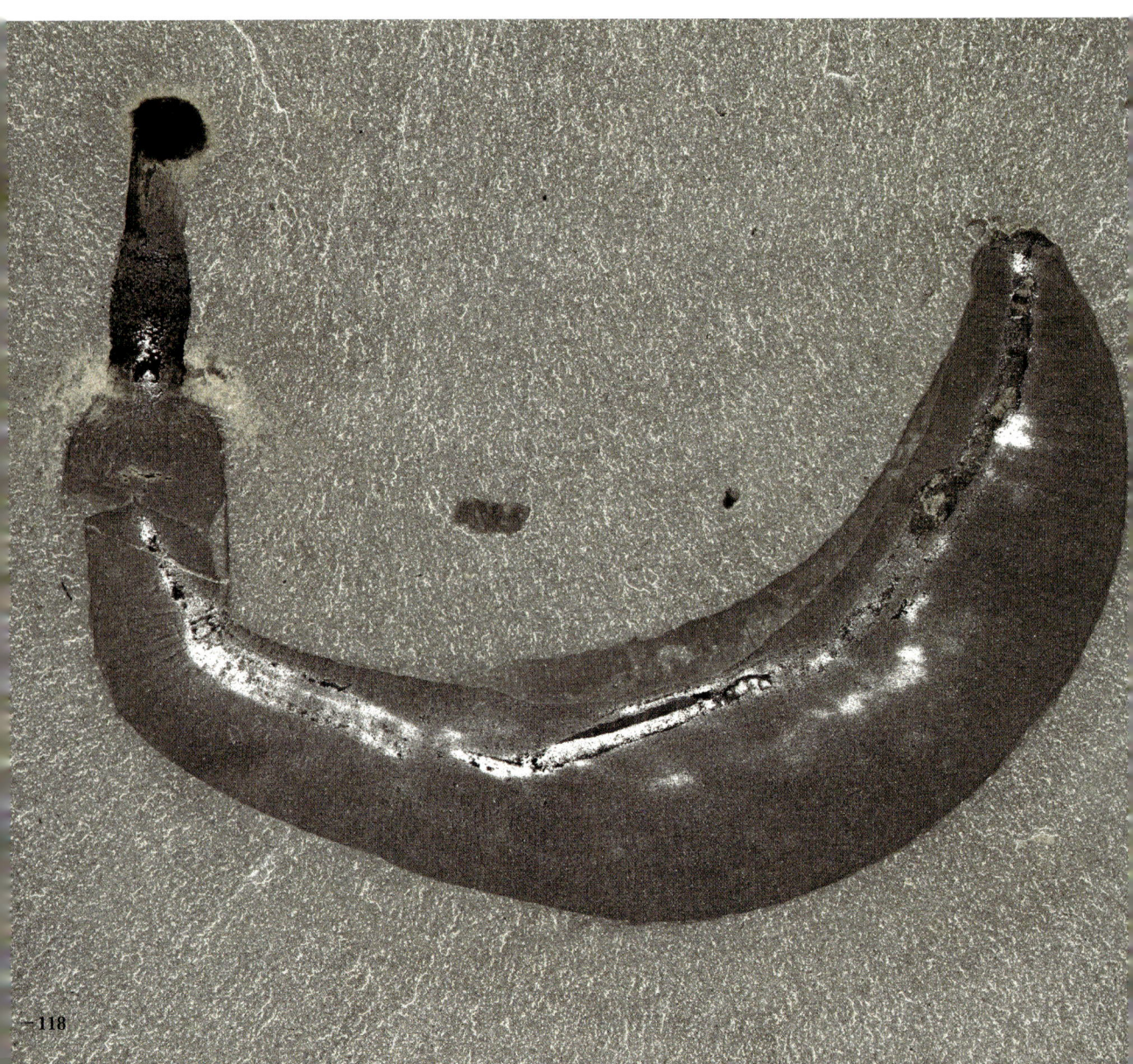

ハーペトガスター

Herpetogaster collinsi
古生代カンブリア紀
カナダ / 全長 4cm

ハーペトガスターは、長い軸の先に曲がった体、さらにその先に枝分かれした触手をもつという変わった姿の無脊椎動物です。どの動物に近縁なのかわかっていません。体の大部分を胃が占めていました。写真で明るく光っている部分が、胃です。

ハーペトガスターの
復元図

With permission of the Royal Ontario Museum
and Parks Canada © ROM Photo Credit: J.B.Caron

身近にある化石たち

この本には約一四〇点の化石が載っています。化石がある場所として、皆さんはどのような場所を思い浮かべますか？　たくさんの化石が展示されている博物館？　掘り出される前の化石が埋まっている山の中の地層？　確かに、これらの場所は化石がある代表的な場所といえるでしょう。

しかし、これらの場所以外にも意外と身近なところに化石はあるのです。

それは、街中の道路の敷石や、建物の壁や床などです。化石が入っている地層の岩石が建材として使われていることがあります。56ページから57ページで紹介したフンスリュックスレートは最近まで屋根を葺く建材として使われていましたし、始祖鳥が産出することで有

名なドイツのジュラ紀の地層「ゾルンホーフェン石灰岩」は、日本でも石材店やインターネットなどで販売されています。よく見ると、この石の中に化石が入った状態のものもあるのです。

下の写真に写っている化石は、日本橋三越本店の壁に入った化石です。日本橋三越本店の壁や階段にはいくつもの化石が入っています。右のアンモナイトは、1階と地下をつなぐ階段の壁に、左のベレムナイトは中央ホールの壁に入っています。化石が入った建物は意外と身近にあるのです。

ひょっとしたら、皆さんのすぐ近くにも化石が入った建物があるかもしれません。

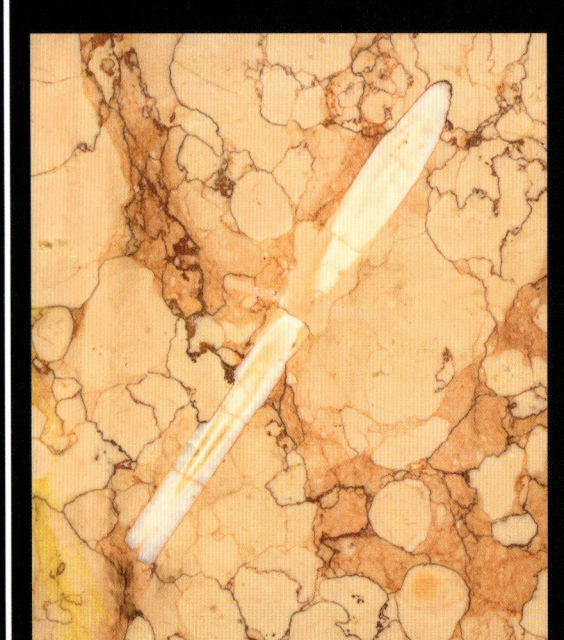

優美な化石

珪化木は、植物に二酸化ケイ素という成分を含む
液体が浸透（しんとう）してできた化石です。年輪などの生き
ていたときの構造が細部まで残ったものも多くあ
ります。色が多様であることも特徴の一つ。例え
ば、生きていたときそのままとみられる色調の珪
化木もあります。……かと思えば、赤や緑や黒な
どさまざまな色彩に変化した珪化木もあります。
これらの色の多様性は、木が珪化木に変化する途
中で触れた液体にほんのわずかに含まれている、
二酸化ケイ素以外の成分の量や酸化の程度の違い
によって生まれているようです。

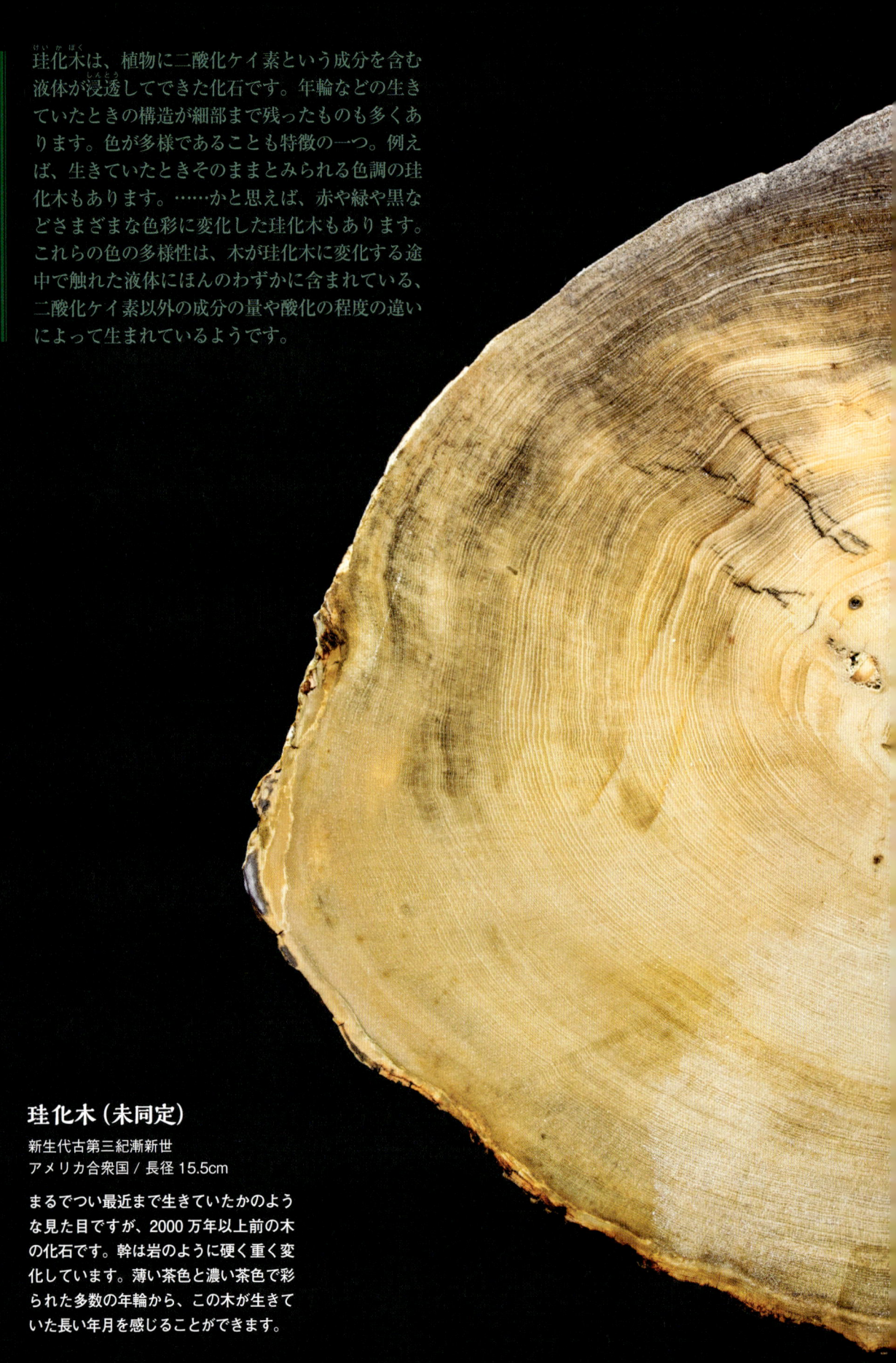

珪化木（未同定）

新生代古第三紀漸新世
アメリカ合衆国 / 長径 15.5cm

まるでつい最近まで生きていたかのよう
な見た目ですが、2000万年以上前の木
の化石です。幹は岩のように硬く重く変
化しています。薄い茶色と濃い茶色で彩
られた多数の年輪から、この木が生きて
いた長い年月を感じることができます。

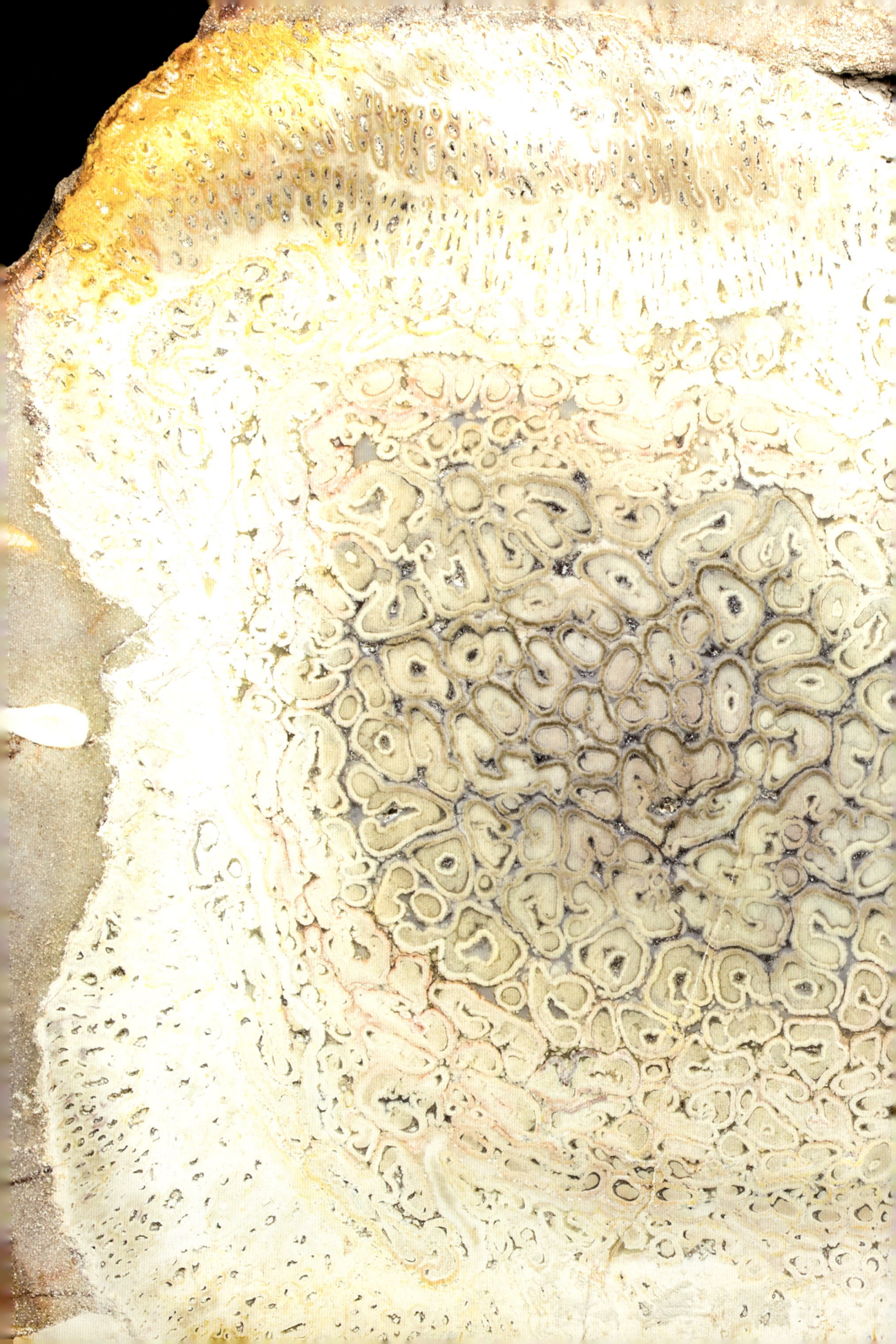

ティエテア

Tietea singularis
古生代ペルム紀
ブラジル / 長径22cm

巨大なシダ植物の珪化木です。幹全体が明るい白色になっています。幹の中心部にある円形の構造は、水や養分の運搬に使われていた維管束の断面です。維管束の中にある細かい壁まで残っています。維管束と維管束の間には、半透明の玉髄が成長し、玉髄の内側では方解石が成長しています。

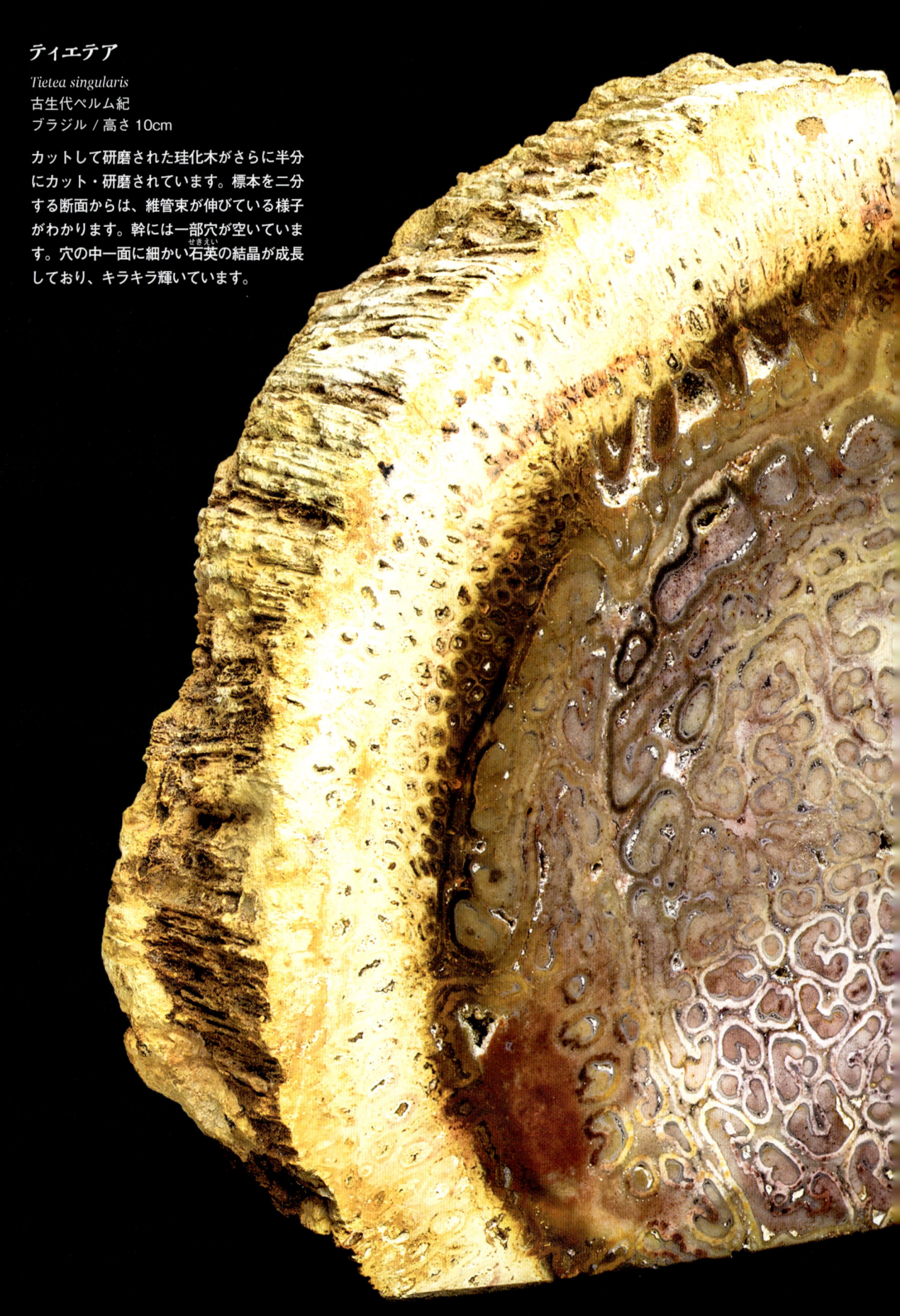

ティエテア

Tietea singularis
古生代ペルム紀
ブラジル / 高さ 10cm

カットして研磨された珪化木がさらに半分
にカット・研磨されています。標本を二分
する断面からは、維管束が伸びている様子
がわかります。幹には一部穴が空いていま
す。穴の中一面に細かい石英の結晶が成長
しており、キラキラ輝いています。

スキノキシロン

Schinoxylon sp.
新生代古第三紀始新世
アメリカ合衆国 / 高さ 13cm

青灰色の玉髄と黄色の方解石が成長した珪化木です。化石になる途中で幹が乾燥して縮み、できた隙間に2つの鉱物が成長して、このような姿になったと考えられています。右ページの写真は左ページと同じ標本の上半分の反対側の面を撮ったもの。玉髄が丸く成長している様子がよくわかります。

パルモキシロン

Palmoxylon sp.
新生代古第三紀始新世
アメリカ合衆国 / 長径 27.5cm

ヤシ類の幹が珪化木になったものです。
細かい維管束がちりばめられた幹の中に
メノウが細長く成長しています。まるで
星空に浮かぶ天の川のようです。

ヌマスギ

Taxodium distichum
新生代新第三紀中新世
アメリカ合衆国 / 長径 14cm

年輪が残った幹の中心部が玉髄に置換され
て半透明になっています。写真は標本の後
ろから光を当てて撮ったもの。オレンジ色
にきれいに輝きます。

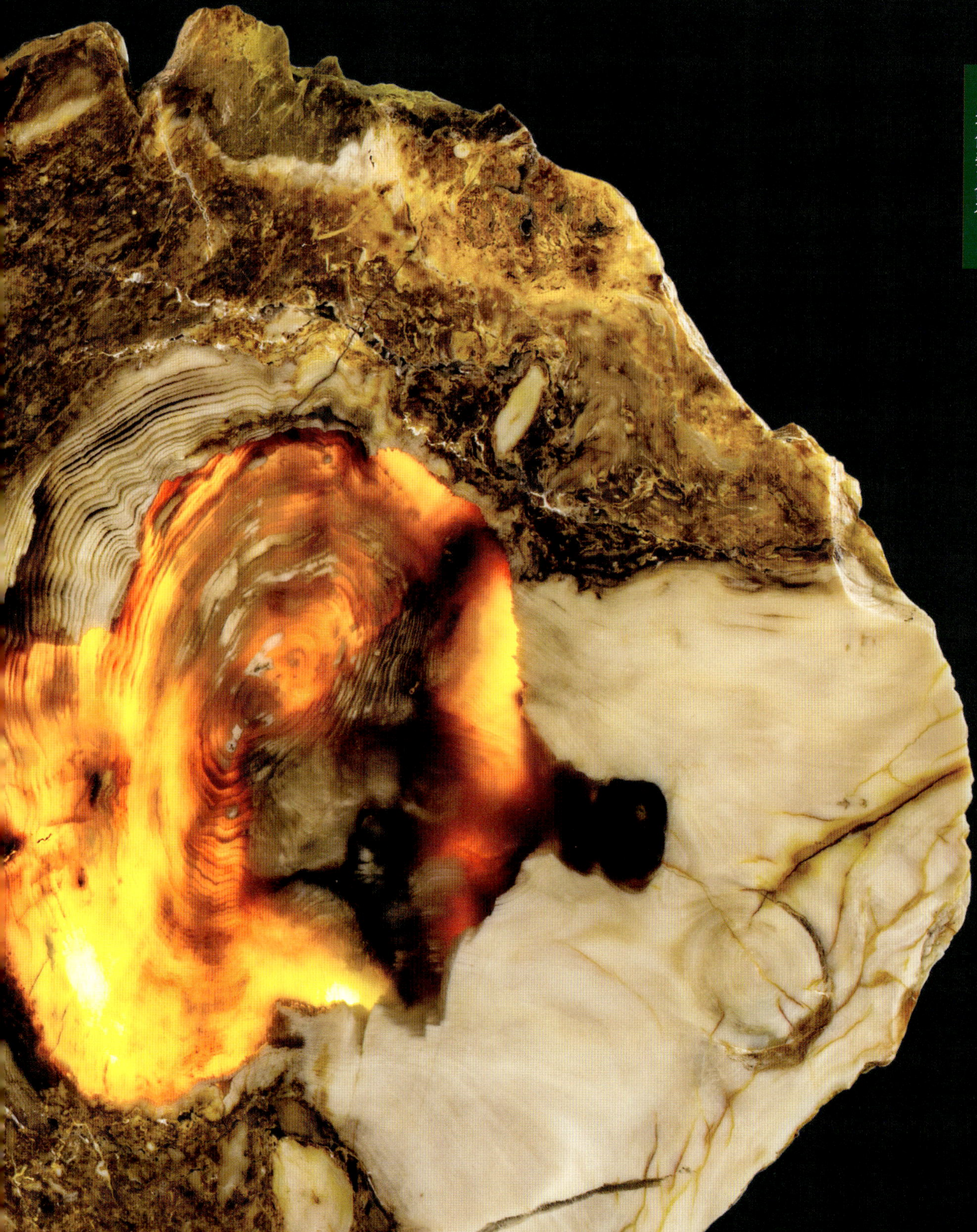

きれいな湖のある景色を撮った航空写真……ではありません。実はこれも珪化木なのです。

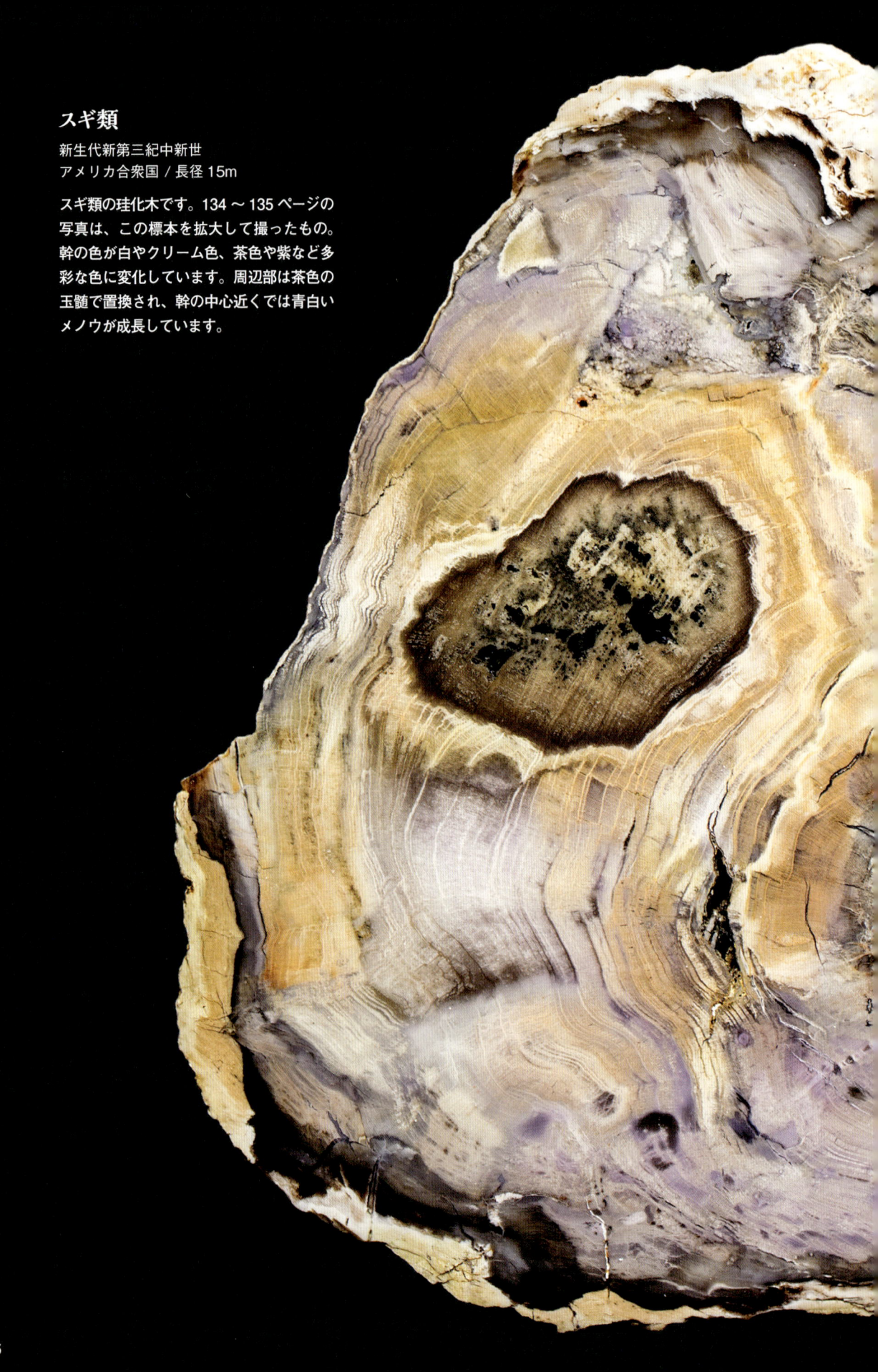

スギ類

新生代新第三紀中新世
アメリカ合衆国 / 長径 15m

スギ類の珪化木です。134 ～ 135 ページの
写真は、この標本を拡大して撮ったもの。
幹の色が白やクリーム色、茶色や紫など多
彩な色に変化しています。周辺部は茶色の
玉髄で置換され、幹の中心近くでは青白い
メノウが成長しています。

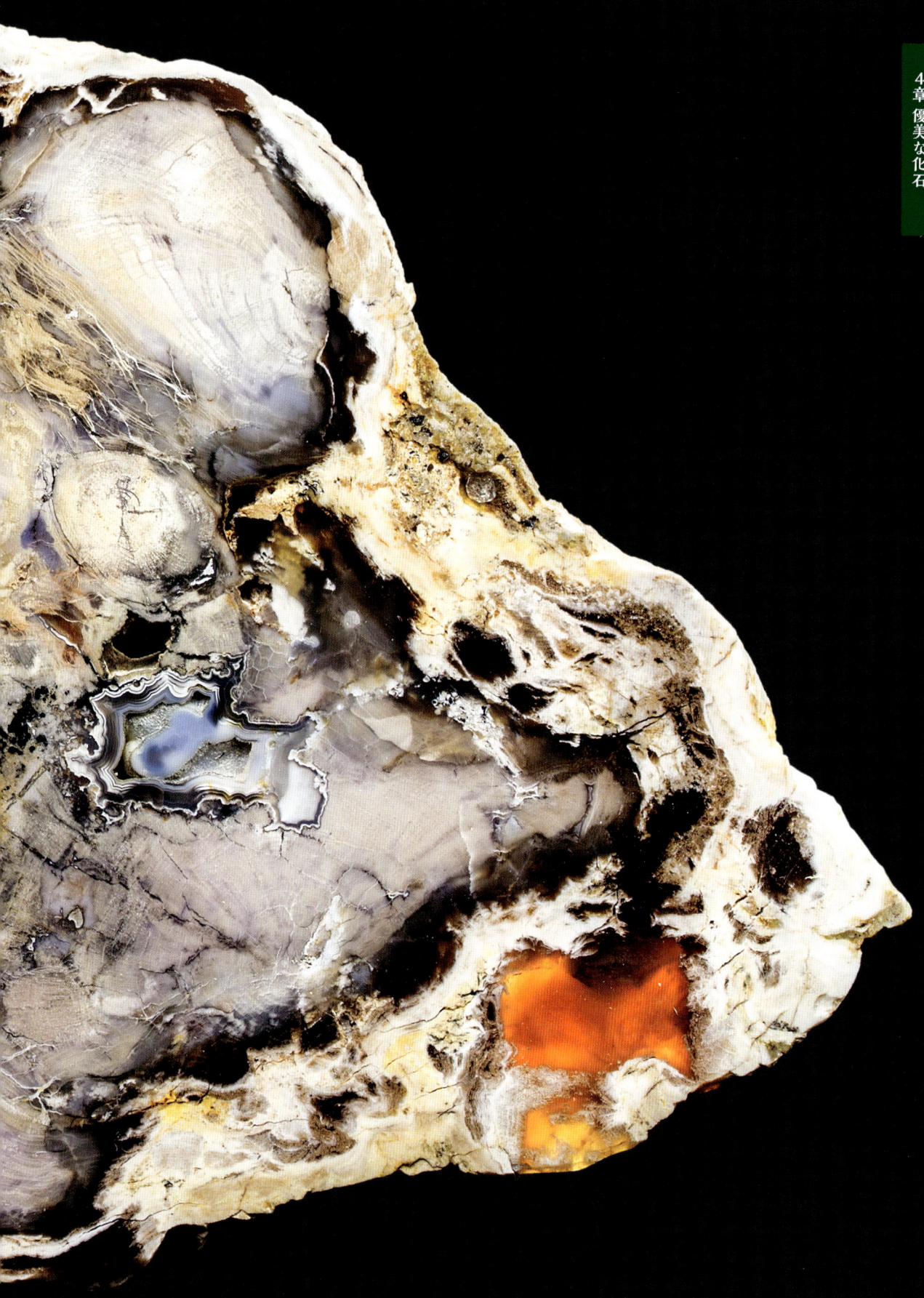

アラウカリオキシロン

Araucarioxylon arizonicum
中生代三畳紀
アメリカ合衆国 / 幅 15cm

きれいなオレンジ色に変化した珪化木です。この標本はアリゾナ州の Petrified Forest から産出したものです。ここからは、赤や緑などのカラフルな珪化木が多く産出しています。

珪化木（未同定）

新生代古第三紀始新世
アメリカ合衆国 / 幅 4.5cm

幹の内部でメノウが成長しています。何層にもなった白と茶色の縞模様がはっきりわかります。幹の中心部、メノウの内側では透明の方解石が見られます。

幹の中に白い楕円形の模様があります。このような埋化木は「ピーナッツウッド」と呼ばれています。死んだ木が海中を漂っている間に、フナクイムシのような二枚貝に食べられて穴が空いたと考えられています。そして木が海底に沈んだ後、放散虫と呼ばれる微生物の死骸が木の上に降り積もって幹に空いた穴を充てんすることによって、このような模様ができたとみられています。

アラウカリア

Araucaria sp.
中生代白亜紀
オーストラリア / 長さ 19.5m

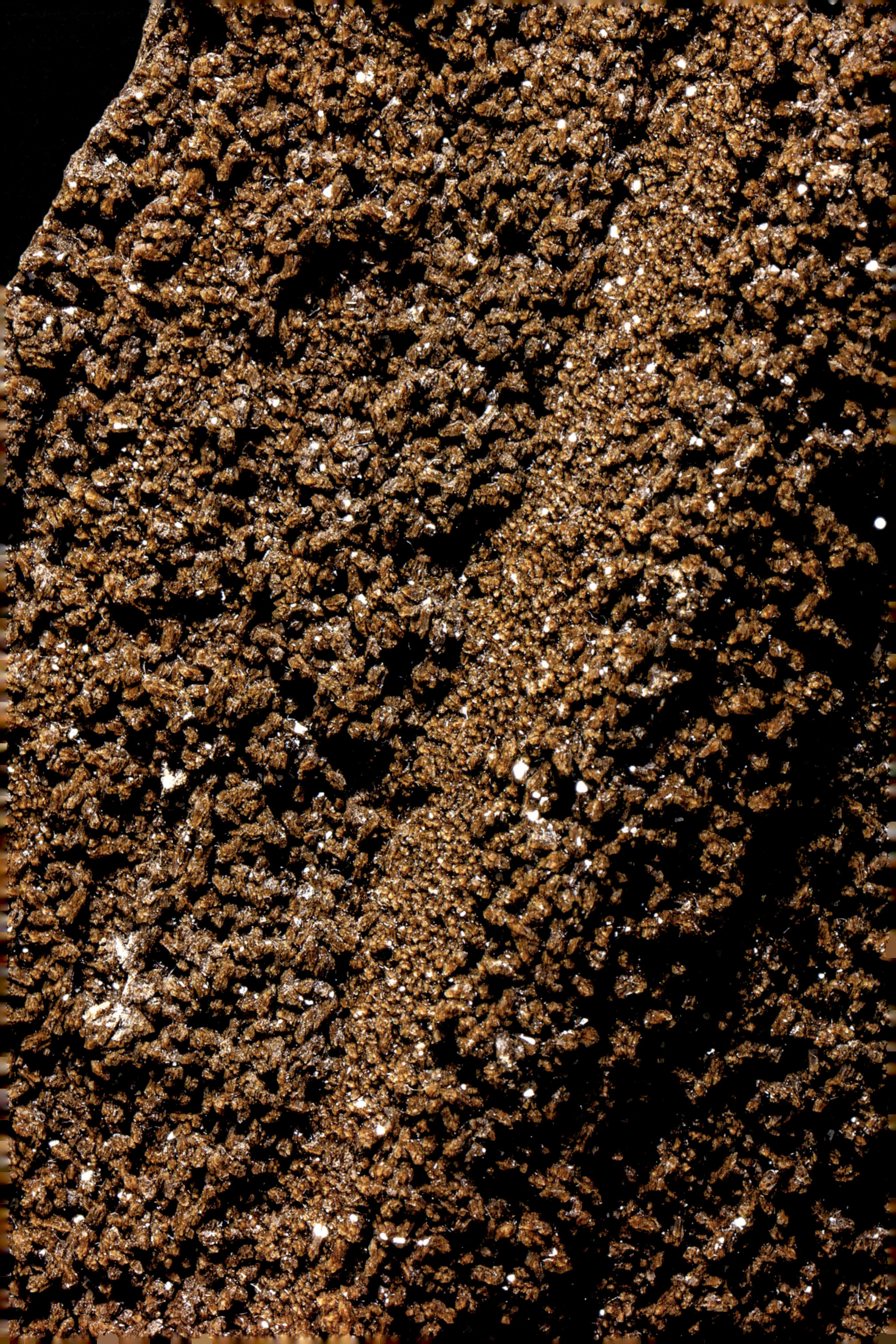

珪化木（未同定）

新生代古第三紀始新世
ドイツ／幅 9cm

茶色の幹の表面に白くきらきら光る小さ
な結晶がたくさんあります。これは石英の
結晶です。珪化木の中には玉髄やメノウだ
けではなく、このように石英の結晶が成長
したものも多くあります。

化石には、カラフルな色をしていたり、透明だったり、艶があったりと、きれいなものがたくさんあります。方解石や玉髄、メノウなど、様々な鉱物に置換され、あるいは化石内部で鉱物の結晶が成長し、美しい姿になるのです。これから紹介するのは、そうしたきれいな化石たちです。

プロミクロセラス

Promicroceras planicosta
中生代ジュラ紀
イギリス
縦方向の長さ 7cm

母岩に、たくさんのプロミクロセラスが密集して入っています。濃い茶色や薄い茶色、薄い黄色など、個体によって、さまざまな色が見られます。

九州大学・"オール・アンモナイト"プロジェクト所蔵標本

アステロセラス

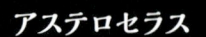

Asteroceras obtusum
中生代ジュラ紀
イギリス / 長径 5cm

太い肋が発達したアンモナイトです、表面の殻がなくなり、黄色く半透明の方解石で満たされた内部が見えています。結晶の濃淡に変化があり、きれいな模様ができています。

アンモナイト（未同定）

中生代白亜紀
マダガスカル / 長径 3.5cm

殻全体が方解石で満たされています。殻が薄いため、光をよく通します。写真は後ろから光を当てて撮ったもの。光にかざすと、殻全体が黄色く光り、縫合線がくっきりと浮かび上がります。

プロミクロセラス

Promicroceras planicosta
中生代ジュラ紀
イギリス / 長径 1.5cm

殻全体が茶色い方解石で満たされています。場所によっては光が透けて、明るい色になっています。

ベレムナイトの
イメージ図

ヨウンギベルス

Youngibelus gigas
中生代ジュラ紀
ドイツ / 長さ14.5cm

茶色く方解石化したベレムナイトです。
ベレムナイトは、ジュラ紀から白亜紀
にかけて繁栄した頭足類です。イカと
同じような姿をしていましたが、体内
には矢じりのような形をした鞘（さや）があり
ました。写真の標本は、鞘が化石になっ
たものです。半透明になっており、場
所によって濃淡に違いが見られます。

エリミア

Elimia tenera
新生代古第三紀始新世
アメリカ合衆国 / 幅 14.5cm

母岩いっぱいに、玉髄で満たされた巻貝エリミアの化石が入っています。この標本と同じような岩石は「Turritella agate」と呼ばれてきました。しかし実際には、中に入っている巻貝は海に棲むツリテラではなく淡水に棲む種類ですし、巻貝を充てんする鉱物もメノウ（agate）ではありません。中に入っている巻貝の名前はゴニオバシス（*Goniobasis tenera*）とされることもあります。エリミアとゴニオバシスのどちらの名前が有効かは決着がついていないようです。

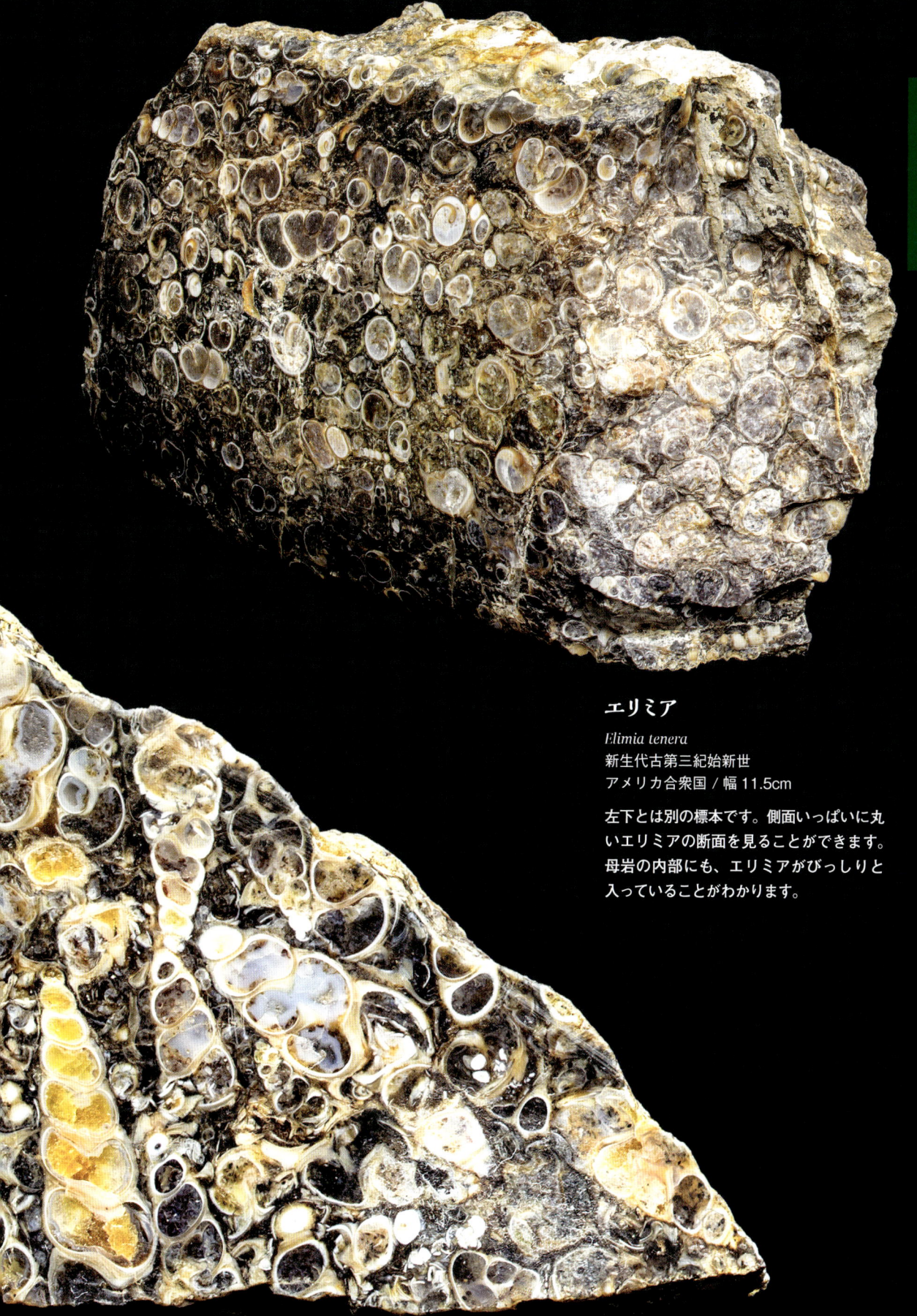

エリミア

Elimia tenera
新生代古第三紀始新世
アメリカ合衆国 / 幅 11.5cm

左下とは別の標本です。側面いっぱいに丸いエリミアの断面を見ることができます。母岩の内部にも、エリミアがびっしりと入っていることがわかります。

巻貝（未同定）

新生代古第三紀始新世
西サハラ / 長さ 3.5cm

殻が玉髄で置換された巻貝です。右下の写真
は左上の写真と同じ標本を光に透かして撮影
したもの。半透明になった殻は殻頂に近いほ
ど光をよく通し、オレンジ色に光っています。

巻貝（未同定）

新生代古第三紀始新世
西サハラ
長さ 3.5cm（左）、長さ 2.5cm（右）

左の写真も右の写真も、左ページの標本
とは別の標本を撮ったものです。透明感
は千差万別。光にかざすと、それぞれ違っ
た表情を見せてくれます。

ヘキサゴナリア

Hexagonaria percarinata
古生代デボン紀
アメリカ合衆国 / 長径 10cm

きれいに研磨された四放サンゴです。多角形の隔壁（かくへき）や内部の細かい壁が白くくっきりと見えています。まるで万華鏡をのぞいているかのようなきれいな模様を形作っています。

カリョクリニテス

Caryocrinites ornatus
古生代シルル紀
アメリカ合衆国 / 長さ 2cm

ウミリンゴのがくの化石です。茶色く艶のある表面に大小2種類の突起があります。大きい突起は規則正しく列になっています。小さい突起は表面いっぱいに、まるでエンボス加工されたようにちらばっています。ウミリンゴはウニやヒトデと同じ棘皮動物です。長く伸びた柄の先にリンゴのような丸いがくがついていました。

ステナスター

Stenaster salteri
古生代オルドビス紀
カナダ / 幅 2cm

きれいな星型でヒトデに見えますが、クモヒトデの化石です。骨格が方解石化し、ところどころ半透明になっています。

コプロライト

中生代ジュラ紀
アメリカ合衆国 / 断面の幅 16cm

カットされて研磨された恐竜の糞の化石
（コプロライト）です。下段の写真が化石
本来の外側の部分を撮ったもの、上段の写
真は同じ標本の研磨された断面を撮ったも
のです。外側は茶色くゴツゴツしています
が、内側を彩るのは、赤や黄、緑などカラ
フルな色たち。糞の化石が玉髄やメノウな
どのケイ酸塩鉱物に置換されてこのような
きれいな色を呈するのです。

コプロライト
中生代ジュラ紀
アメリカ合衆国 / 幅14cm

左のページの標本とは別のコプ
ロライトです。カットされて研
磨されています。断面全体で濃
淡の違うオレンジ色が見られま
す。珪化木と同じように、コプ
ロライトにもいろいろな色のも
のがあります。

コプロライト
中生代ジュラ紀
アメリカ合衆国 / 幅11cm

こちらもまた別のコプロライトで
す。カットされて研磨されてい
ます。緑色を基調とした中に、
白やオレンジ色、ピンク色
などの丸い断面がいくつ
もあり、きれいな水玉
模様となっています。

ケナガマンモス

Mammuthus primigenius
新生代第四紀更新世
アメリカ合衆国 / 長さ 12cm

歯の上面に平行にカット、研磨されたケナ
ガマンモスの歯です。左ページの写真が歯
冠の表面を撮ったもの、右ページの写真は
同じ標本の研磨された断面を撮ったもので
す。長い楕円形になった部分がエナメル質
です。表面では黒、内部では白と、同じエ
ナメル質でも正反対の色をしています。

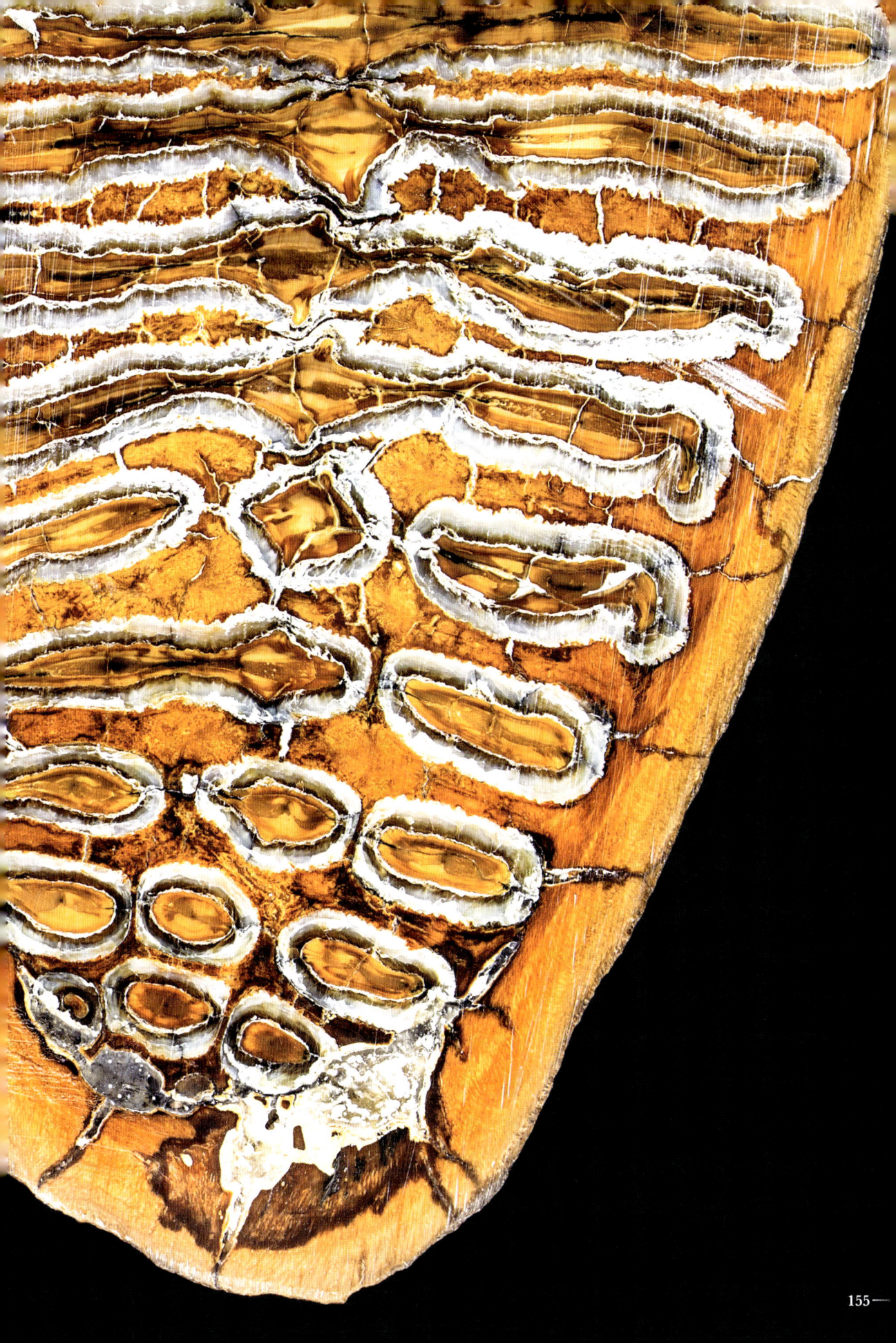

ケナガマンモス

Mammuthus primigenius
新生代第四紀更新世
ロシア / 幅 6cm

ケナガマンモスの牙の化石です。牙の外側の部分が破片になったもの。左ページの下段の写真が牙の外側を撮ったもの、上段の写真は同じ標本の断面を撮ったもの、右ページの写真は断面を拡大したものです。断面を見ると、牙の外側には牙の輪郭と平行に走る線が、内側には小さい角度で交差する線があるのがわかります。ゾウ類の牙には、このような細やかな模様があるのです。

ヒラコテリウム

Hyracotherium sp.
新生代古第三紀始新世
アメリカ合衆国
長さ 5cm

絶滅哺乳類ヒラコテリウムの顎の化石です。ヒラコテリウムは最古のウマ類の一員です。肩の高さが 40 ～ 50cm と小さく、前足には 4 本、後ろ足には 3 本の指がありました。現在のウマの歯は硬い草を食べてすり減っても支障がないように高さがありますが、ヒラコテリウムの歯は高さがありませんでした。この標本には 5 本の歯がついています。化石になった歯の色は黒く、つややかに光を反射します。

ヒラコテリウムの復元図

メソヒップス

Mesohippus sp.
新生代古第三紀漸新世
アメリカ合衆国 / 長さ 2cm

メソヒップスの復元図

絶滅哺乳類メソヒップスの歯の化石です。メソヒップスはヒラコテリウムよりも少し新しい初期のウマ類の一員です。指の本数は前足、後ろ足とも 3 本でした。ヒラコテリウムと同じように、歯には高さがありませんでした。この標本では顎の骨が一部なくなり、歯根まではっきり見えています。歯冠と歯根で色も質感も全く異なっています。この標本の歯冠は茶色く半透明。端の方では光が透けています。

ゴンフォテリウムの復元図

ゴンフォテリウム

Gomphotherium sp.
新生代新第三紀中新世
ボスニア・ヘルツェゴビナ / 長さ 9.5cm

絶滅哺乳類ゴンフォテリウムの歯の化石です。ゴンフォテリウムは、約2000万年前〜約500万年前まで生きていた長鼻類（ゾウ類を含むグループ）の一員です。吻部がとても長く、上顎にも下顎にも牙がありました。この標本では歯冠のエナメル質が白い色で残っています。おそらく食物を食べてすり減ったのでしょう、歯冠の上面は摩耗し、エナメル質が複雑にカーブした様子がわかります。

鉱物化した木のいろいろ

第4章では、たくさんの珪化木を紹介しました。植物の立体感がよく残り、年輪や肉眼では見えないような細かい壁まで残っていたり、黒やオレンジや白など、様々な色に変化したりしているものもあります。珪化木は、本当に多彩な表情を見せてくれます。

珪化木は、木が化石になる過程で、細胞の中にメノウや玉髄などの二酸化ケイ素を多く含む鉱物が成長してできたものです。

珪化木は、もっともよく知られた石化（鉱物化）した木の化石です。

しかし、珪化木以外にも様々な鉱物化した木の化石があります。炭酸カルシウム、鉄や銅などの金属、粘土などなど、いろいろな成分を含む鉱物が、化石になる過程で木の中で成長するのです。

例えば、北海道の白亜紀の地層からは、炭酸カルシウムを含む鉱物で置換された木の化石（石灰化木）が産出します。アメリカのアイダホ州の新第三紀中新世の地層からは、リン酸塩を含む鉱物で置換された木の化石が産出します。トルコの中新世の地層からは、銅を含む鉱物で置換された木の化石（Colla wood）が産出します。

そのほかにも、いろいろな鉱物で置換された木の化石が世界中で産出しています。

下の写真は、トルコのColla woodです。緑色の部分は孔雀石、青色の部分は藍銅鉱と呼ばれる鉱物です。どちらも銅を多く含んでいます。

夕陽色の化石

琥珀は、樹液が化石となったものです。黄色く輝くその化石はとても美しく、古来より宝飾品として珍重されてきました。そして、古生物を閉じ込めたタイムカプセルとしても貴重なものです。琥珀の中には、昆虫や植物や動物などが生きていた時とほとんど変わらない姿で閉じ込められています。

しずく状の琥珀

新生代古第三紀始新世
ポーランド（バルト海沿岸）
長径 3cm

きれいなしずく状の琥珀です。研磨されておらず、産出したそのままの形が保たれています。この涙形は樹液が木から垂れた時の形がそのまま残ったものとか。光が透けてオレンジ色に輝く様子もとても幻想的です。

ヤンタロゲッコ

Yantarogekko balticus
新生代古第三紀始新世
ロシア（バルト海沿岸）
長さ 1.5cm

琥珀の中に捕らわれたヤモリです。頭部から胴体までが入っています。表面の細かい鱗までとてもよくわかります。

写真：Wolfgang Weischat

マツ科

新生代古第三紀始新世
バルト海沿岸 / 長さ 1cm

松ぼっくりです。現在でも見られるそのままの形が閉じ込められています。

出典：Atlas of Plants and Animals in Baltic Amber

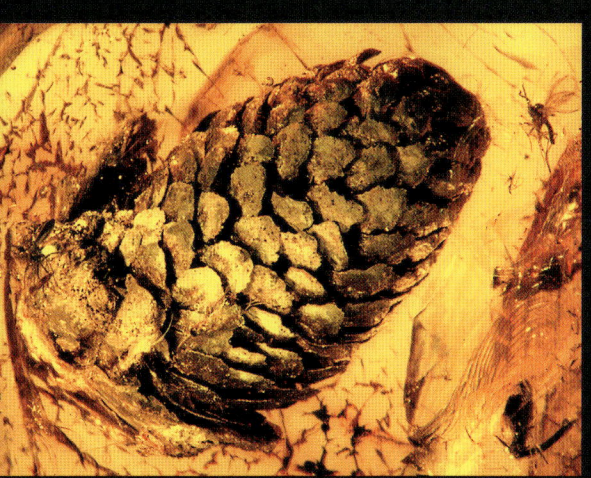

トゥイテス

Thuites sp.
新生代古第三紀始新世
バルト海沿岸 / 長さ 4mm

雌の球果（胚珠と鱗片 [硬い葉のようなもの] が集まってできた雌の生殖器官）です。1つ1つの鱗片がよくわかります。

出典：Atlas of Plants and Animals in Baltic Amber

コナラ

Quercus sp.
新生代古第三紀始新世
バルト海沿岸 / 長さ 7mm

冬芽（春に花や葉になる芽）です。
円錐形に固く閉じています。

出典 : Atlas of Plants and Animals in Baltic Amber

コナラ

Quercus sp.
新生代古第三紀始新世
バルト海沿岸 / 長さ 3mm

雄花です。根元から６本ほどの
小さな花が出ています。

出典 : Atlas of Plants and Animals in Baltic Amber

マンサク科の花

新生代古第三紀始新世
バルト海沿岸 / 長さ 6mm

軸の先に丸くかわいらしい花がついています。

出典 : Atlas of Plants and Animals in Baltic Amber

パレオフィギテス（?）

Palaeofigites sp. (?)
新生代古第三紀始新世
バルト海沿岸 / 全長 4mm

小さなハチです。長い触覚や肢、翅
などがきれいに残っています。大き
な複眼が光を反射して輝いています。

出典 : Atlas of Plants and Animals in Baltic Amber

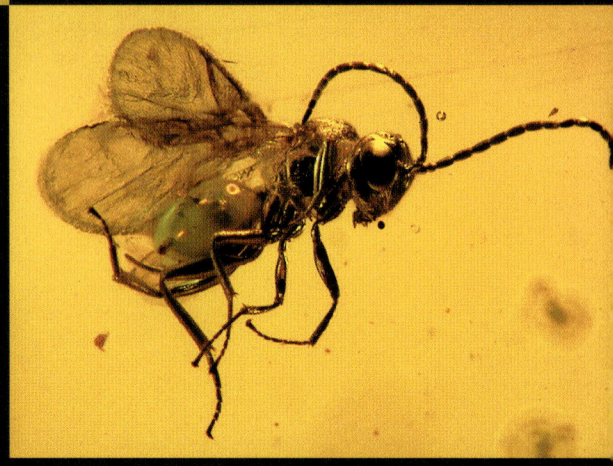

カゲロウ

新生代古第三紀始新世
バルト海沿岸
翅開長 1.7cm

翅を広げた状態で琥珀に入ったカゲロウです。下段の写真が全体を撮ったもの、上段の写真が複眼を拡大して撮ったものです。翅の細かい脈はもちろんのこと、複眼も細かいレンズの1個1個まで確認できます。

出典：Atlas of Plants and Animals in Baltic Amber

165

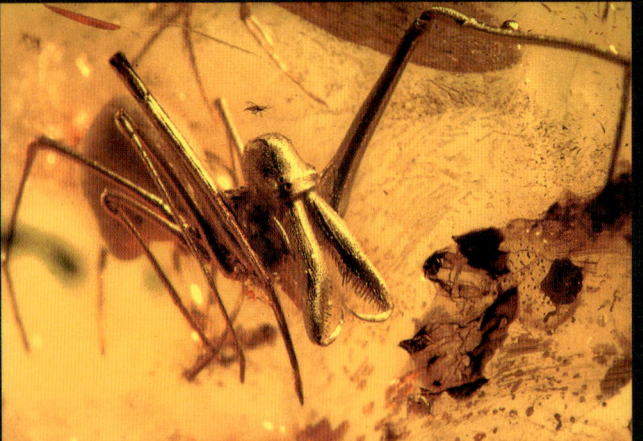

アルカエア

Archaea paradoxa
新生代古第三紀始新世
バルト海沿岸 / 幅 7mm

長い鋏角をもつクモです。特徴的な鋏角や長い肢、高さのある頭部などが光を反射して明るく輝いています。

出典: Atlas of Plants and Animals in Baltic Amber

ケイリディウム

Cheiridium hartmanni
新生代古第三紀始新世
バルト海沿岸 / 全長 4mm

大きなハサミをもつカニムシです。カニムシは英語では「Pseudoscorpion」と呼ばれています。「Pseudoscorpion」とは、「偽のサソリ」という意味です。ハサミやいくつもの節に分かれた後体がよくわかります。

出典: Atlas of Plants and Animals in Baltic Amber

アリ（未同定）

新生代古第三紀始新世
バルト海沿岸 / 全長 5mm

体全体でまるで金属のような光沢が見られます。特徴的な丸い頭部と腹部もとてもきれいです。

出典: Atlas of Plants and Animals in Baltic Amber

ゾウムシ（未同定）

新生代古第三紀始新世
バルト海沿岸 / 全長 7mm

琥珀の中に浮かんでいるような姿です。長い口吻（ゾウの鼻のように伸びた部分）や翅の細かいくぼみもよくわかります。

出典: Atlas of Plants and Animals in Baltic Amber

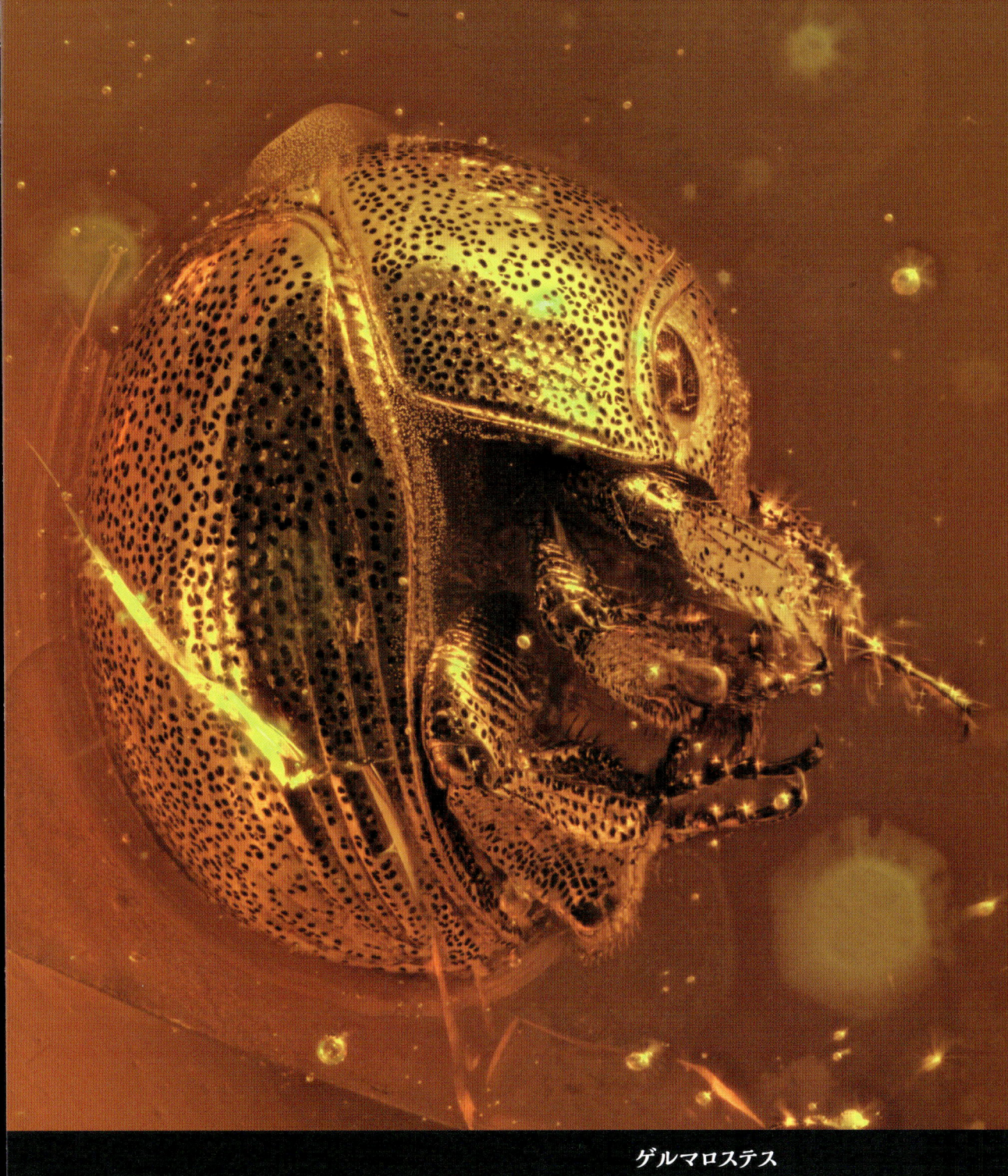

ゲルマロステス

Germarostes sp.
新生代新第三紀中新世
ドミニカ共和国 / 長径 3cm

ミャンマーからは恐竜が生きていた中生代白亜紀の琥珀が産出します。ミャンマー産の琥珀の中から、白亜紀の花や鳥の翼、恐竜の尾などが発見され、近年、注目を浴びています。

恐竜（未同定）

中生代白亜紀
ミャンマー / 長さ 3.5cm

羽毛でおおわれた尾が入っています。ふさふさした毛の様子がよくわかります。羽毛の下には骨や筋肉、皮膚も保存されています。骨や羽毛の特徴から、コエルロサウルス類の恐竜の亜成体の尾と考えられています。

写真：Lida XING

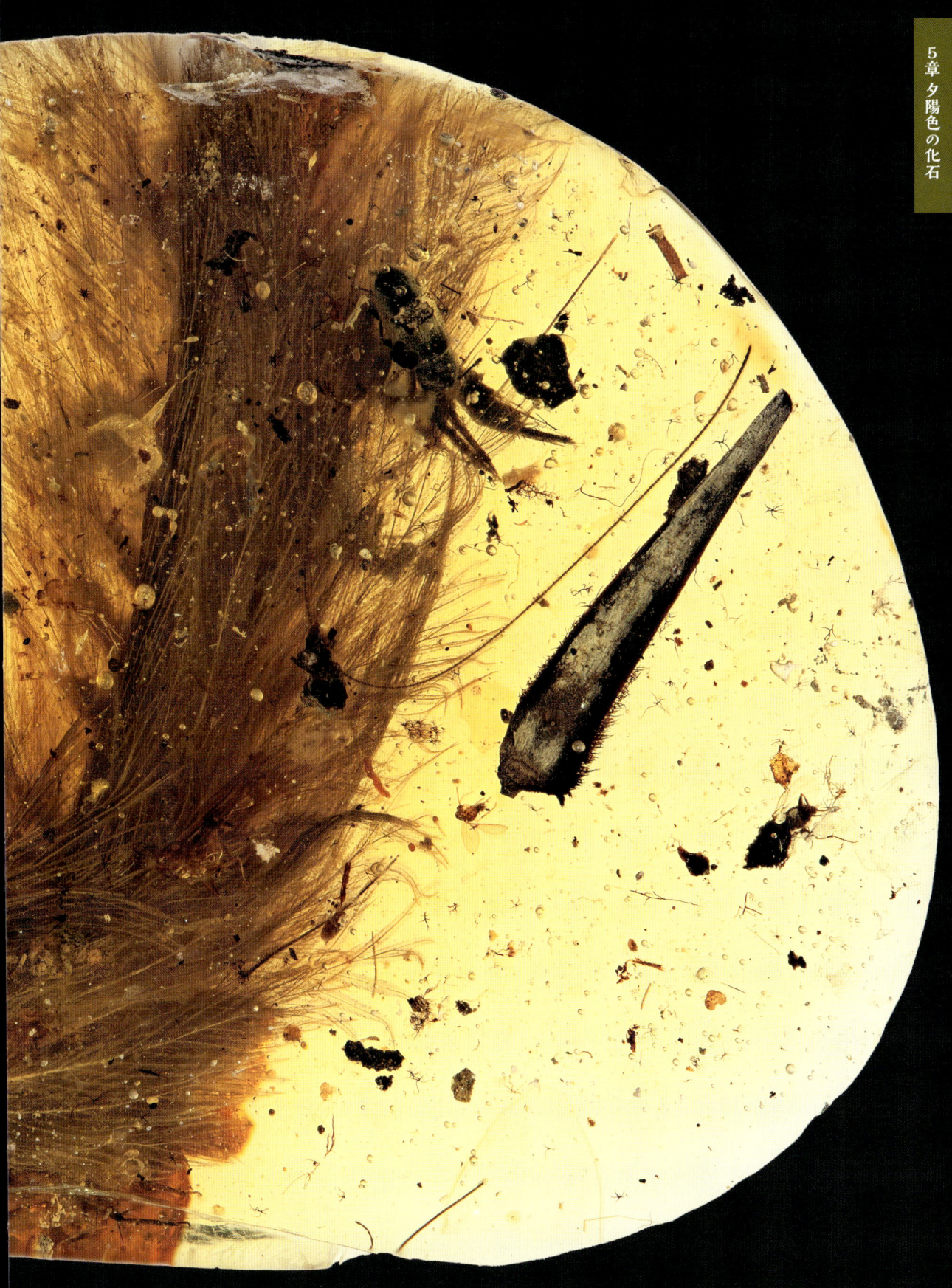

ハイドミルメックス

Haidomyrmex sp.
中生代白亜紀
ミャンマー / 琥珀の長径 1cm

大きく、鎌のように鋭くとがった下顎をもつ
アリです。このアリの仲間はその顎の形から、
「Hell ant（地獄のアリ）」と呼ばれています。
光を受けて浮かび上がったシルエットから、そ
の特徴的な顎もよくわかります。

カタツムリ（未同定）

中生代白亜紀
ミャンマー / 長さ 8.5mm

琥珀の中にカタツムリが閉じ込
められることはとても珍しいで
す。殻口の反対方向に軟体部が
飛び出しています。軟体部の膨
らんだ部分の先には細長く伸び
た眼も確認できます。

写真：Lida XING

植物の葉

中生代白亜紀
ミャンマー / 長さ 2cm（左）、琥珀の長径
4.5cm（中央）、長さ 4cm（右上）

琥珀の中にそれぞれ違った種類の葉が入っ
ています。とがった長い葉、バラバラになっ
た薄い葉、軸の左右についた細かい葉と、
みな違った表情を見せています。

トロピドギネ

Tropidogyne pentaptera
中生代白亜紀
ミャンマー / 琥珀の幅 1.5cm

ハート形に成形されたかわいら
しい琥珀の中に3個の花が入っ
ています。5枚のがくが広がっ
た星形の形がよくわかります。

参考文献

学術論文

Allmon, W. D. (2009) The Natural (and Not-So-Natural) History of "Turritella Agate". *Rocks & Minerals*, **84**(2), 160-165

Barden, P., Grimaldi, D. (2012) Rediscovery of the bizarre Cretaceous ant *Haidomyrmex* Dlussky (Hymenoptera: Formicidae), with two new species. *American Museum Novitates*, **2012**(3755), 1-16

Bauer, A. M., Böhme, W., Weitschat, W. (2005) An Early Eocene gecko from Baltic amber and its implications for the evolution of gecko adhesion. *Journal of Zoology*, **265**(4), 327-332

Bell, P.R., Brougham, T., Herne, M.C., Frauenfelder, T., Smith, E.T. (2019) *Fostoria dhimbangunmal*, gen. et sp. nov., a new iguanodontian (Dinosauria, Ornithopoda) from the mid-Cretaceous of Lightning Ridge, New South Wales, Australia. *Journal of Vertebrate Paleontology*, **39**(1), e1564757

Bell, P.R., Herne, M.C., Brougham, T., Smith, E.T. (2018) Ornithopod diversity in the Griman Creek Formation (Cenomanian), New South Wales, Australia. *PeerJ*, 6008

Briggs, D.E.G. (1981) The Arthropod *Odaraia alata* Walcott, Middle Cambrian, Burgess Shale, British Columbia. *Philosophical Transactions of the Royal Society B*, **291**(1056), 541-582

Budd, G.F. (1996) The morphology of *Opabinia regalis* and the reconstruction of the arthropod stem-group. *Lethaia*, **29**(1), 1-14

Caron, J.-B., Conway Morris, S., Shu, D. (2010) Tentaculate fossils from the Cambrian of Canada (British Columbia) and China (Yunnan) interpreted as primitive Deuterostomes *PLoS ONE*, **5**(3), e9586

Conway Morris, S. (1979) Middle Cambrian polychaetes from the Burgess Shale of British Columbia. *Philosophical Transactions of the Royal Society B*, **285**(1007), 227-274

Conway Morris, S. (1985) The Middle Cambrian metazoan *Wiwaxia corrugata* (Matthew) from the Burgess Shale and Ogygopsis Shale, British Columbia, Canada. *Philosophical Transactions of the Royal Society B*, **307**(1134), 507-582

Dean, J. (1999) What makes an ophiuroid? A morphological study of the problematic Ordovician stelleroid Stenaster and the palaeobiology of the earliest asteroids and ophiuroids. *Zoological Journal of the Linnean Society*, **126**(2), 225-250.

Edmunds, M., Whicher, J., Langham, P., Chandler, R.B. (2016) A systematic account of the ammonite faunas of the Obtusum Zone (Sinemurian Stage, Lower Jurassic) from Marston Magna, Somerset, UK. *Proceedings of the Geologists' Association*, **127**(2) ,146-171

Ferretti, M.P. (2003) Structure and evolution of mammoth molar enamel. *Acta Palaeontologica Polonica*, **48** (3), 383–396

García-Bellido, D.C., Collins, D.H. (2006) A new study of *Marrella splendens* (Arthropoda, Marrellomorpha) from the Middle Cambrian Burgess Shale, British Columbia, Canada. *Canadian Journal of Earth Sciences*, **43**(6), 721-742

García-Bellido, D.C., Collins, D.H. (2007) Reassessment of the genus *Leanchoilia* (Arthropoda, Arachnomorpha) from the Middle Cambrian Burgess Shale, British Columbia, Canada. *Palaeontology*, **50**(3), 693–709

Hainschwang, T., Hochstrasser, T., Hajdas, I., Keutschegger, W. (2010) A cautionary tale about a little-known type of non-nacreous calcareous concretion produced by the *Magilus antiquus* marine snail. *The Journal of Gemmology*, **32**(1–4), 15-22

Iannuzzi, R., Neregato, R., Cisneros, J. C., Angielczyk, K. D., Rößler, R., Rohn, R., Marsicano, C., Fröbisch, J., Fairchild, T., Smith, R. M. H., Kurzawe, F., Richter, M., Langer, M. C., Tavares, T. M. V., Kammerer, C. F., Conceição, D. M., Pardo, J. D., Roesler,l G. A. (2018) Re-evaluation of the Permian macrofossils from the Parnaíba Basin: biostratigraphic, palaeoenvironmental and palaeogeographical implications. in Daly, M. C., Fuck, R. A., Juliâ, J., Macdonald, D. I. M., Watts, A. B. (eds) Cratonic Basin Formation: A Case Study of the Parnaíba Basin of Brazil. *Geological Society, London, Special Publications*, **472**

Legg, D.A., Vannier, J. (2013) The affinities of the cosmopolitan arthropod *Isoxys* and its implications for the origin of arthropods. *Lethaia*, **46**(4), 540-550

Lister, A.M., Sher, A.V, van Essen, H., Wei, G. (2005) The pattern and process of mammoth evolution in Eurasia. *Quaternary International*, **126–128**, 49–64

Mustoe, G. E. (2018) Mineralogy of non-silicified fossil wood. *Geosciences*, **8**(3), 85

Mustoe, G. E., Acosta, M. (2016) Origin of petrified wood color. *Geosciences*, **6**(2), 25

Mustoe, G. E., Viney, M., Mills, J. (2019) Mineralogy of Eocene Fossil Wood from the"Blue Forest" Locality, Southwestern Wyoming, United States. *Geosciences*, **9**(1), 35)

Mychaluk, K. A., Levinson, A. A., Hall, R. L. (2001) Ammolite: Iridescent fossilized ammonite from southern Alberta, Canada. *Gems & Gemology*, **37**(1), 4-25

Ortega-Hernandez, J. (2015) Homology of Head Sclerites in Burgess Shale Euarthropods. *Current Biology*, **25**(12), 1–7

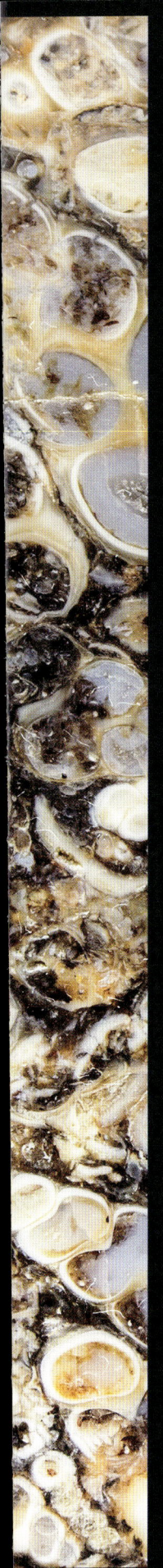

Pitulko, V. V., Pavlova, E. Y., Nikolskiy, P. A. (2015) Mammoth ivory technologies in the Upper Palaeolithic: a case study base on the materials from Yana RHS, Northern Yana-Indighirka lowland, Arctic Siberia. *World Archaeology*, **47**(3), 333-389

Poinar Jr., G., Ballerio, A. (2017) Remarks on some Ceratocanthinae (Coleoptera: Hybosoridae) in Dominican amber. *Zootaxa*, **4286** (1), 125-128

Reiche, I., Vignaud, C., Calligaro, T., Salomon, J., Menu, M. (2000) Comparative analysis of odontolite, heated fossil ivory and blue fluorapatite by PIXE/PIGE and TEM. *Nuclear Instruments and Methods in Physics Research B*, **161-163**, 737-742

Smith, M.R., Caron, J.-B. (2015) *Hallucigenia*'s head and the pharyngeal armature of early ecdysozoans. *Nature*, **523**(7558), 75-78

Stuart, A.J., Sulerzhitsky, L.D., Orlova, L.A., Kuzmin, Y.V., Lister, A.M. (2002) The latest woolly mammoths (Mammuthus primigenius Blumenbach) in Europe and Asia: a review of the current evidence. *Quaternary Science Reviews*, **21**, 1559-1569

Vannier, J. (2012) Gut contents as direct indicators for trophic relationships in the Cambrian marine ecosystem. *PLoS ONE*, **7** (12), e52200

Vannier, J., Garcia-Bellido, D.C., Hu, S.-X., Chen, A.-L. (2009) Arthropod visual predators in the early pelagic ecosystem: evidence from the Burgess Shale and Chengjiang biotas. *Proceedings of the Royal Society B*, **276**(1667), 2567-2574

Xing, L., McKellar, R. C., Xu, X., Li, G., Bai, M., Persons IV, W. S., Miyashita, T., Benton, M. J., Zhang, J., Wolfe, A. P., Yi, Q., Tseng, K., Ran, H., Currie, P. J. (2016) A feathered dinosaur tail with primitive plumage trapped in mid-Cretaceous amber. *Current Biology* **26** (24), 3352-3360

Xing, L., Ross, A. J., Stilwell, J. D., Fang, J., McKellar, R. C. (2019) Juvenile snail with preserved soft tissue in mid-Cretaceous amber from Myanmar suggests a cyclophoroidean (Gastropoda) ancestry. *Cretaceous Research*, **93**, 114-119

Zacaï, A., Vannier, J., Lerosey-Aubril, R. (2016) Reconstructing the diet of a 505-million-year-old arthropod: *Sidneyia inexpectans* from the Burgess Shale fauna. *Arthropod Structure & Development*, **45** (2), 200-220

入江 貴博 (2018) 自然史と進化生態学をつなぐ海産腹足類の研究 (1) ―貝殻種内変異と形態分類―. 日本生態学会誌, **68**, 1 – 15

寺田 和雄 (2008) 日本から産出する珪化木について. 化石, **83**, 64-77

一般書籍

『Atlas of Plants and Animals in Baltic Amber』著・Wolfgang Weitschat、Wilfried Wichard、2002 年、Verlag Dr. Friedrich Pfeil

『Fossils at a Glance 2nd Edition』著・Clare Milsom、Sue Rigby、2010 年、Wiley-Blackwell

『The Princeton Field Guide to Dinosaurs 2nd Edition』 著・Gregory S. Paul、2016 年、Princeton University Press

『アンモナイト アンモナイト最新化石図鑑 ―蘇る太古からの秘宝―』著・ニール・L・ラースン、2009 年、アンモライト研究所

『アンモナイト学―絶滅生物の知・形・美』編・国立科学博物館、著・重田 康成、2001 年、東海大学出版会

『海洋生命 5 億年史　サメ帝国の逆襲』著・土屋 健、監修・田中 源吾、冨田 武照、小西 卓哉、田中 嘉寛、2018 年、文藝春秋

『化石になりたい ―よくわかる 化石のつくりかた―』著・土屋 健、監修・前田 晴良、2018 年、技術評論社

『鉱物の不思議がわかる本 (図解サイエンス)』監修・松原 聰、2006 年、成美堂出版

『古生物学事典　第 2 版』編・日本古生物学会、2010 年、朝倉書店

『新版　絶滅哺乳類図鑑』著・冨田 幸光、イラスト・伊藤 丙雄、岡本 泰子、2011 年、丸善

『世界の化石遺産　化石生態系の進化』著・P.A. セルデン、J.R. ナッズ、2009 年、朝倉書店

『みずなみ 化石 & 博物館ガイド』著・安藤 佑介、監修・大路 樹生、柄沢 宏明、河部 壮一郎、芳賀 拓真、高桑 祐司、2017 年、瑞浪市化石博物館

ウェブサイト

Peanut Wood https://geology.com/gemstones/peanut-wood

The Burgess Shale https://burgess-shale.rom.on.ca/en/index.php

アンモライト研究所 Ammolite Laboratory http://www.ammolite.co.jp

北海道大学プレスリリース『被災地の化石が古代生物の進化の歴史を塗り替えた』https://www.hokudai.ac.jp/news/121026_pr_sci.pdf

著者
土屋　香 （つちや かおり）

茨城県生まれ。インターネットショップ「恐竜・化石グッズの専門店　ふぉっしる」店長。金沢大学大学院自然科学研究科で修士号を取得（専門は地質学・古生物学）。「ふぉっしる」では古生物学の知識・経験を生かし、様々な化石や古生物関連グッズを提供している。著書に『ときめく化石図鑑』（山と渓谷社）、『楽しい植物化石』（河出書房新社）。また、『地球のお話 365 日』（技術評論社）のイラストの半分も担当した。

監修
土屋　健 （つちや けん）

オフィス ジオパレオント代表。サイエンスライター。埼玉県出身。金沢大学大学院自然科学研究科で修士号を取得（専門は地質学・古生物学）。その後、科学雑誌『Newton』の編集記者、部長代理を経て独立し、現職。2019 年、日本古生物学会貢献賞を受賞。近著に『古生物食堂』（技術評論社）など。

装幀／山口至剛デザイン室（韮澤優作）
DTP・海外交渉／小野寺佑紀
企画・進行／斎藤実（日東書院本社）

写真・イラストクレジット／
本文中に表記のないものはすべて：ふぉっしる
表紙表：クエンステッドトセラス（九州大学オール・アンモナイトプロジェクト蔵）
表紙裏：ヌマスギ

光る化石
美しい石になった古生物たちの図鑑

令和元年 10 月 15 日　初版第 1 刷発行

著　者　土屋　香
監修者　土屋　健
編集人　宮田玲子
発行人　穂谷竹俊
発行所　株式会社日東書院本社
　　　　〒 160-0022
　　　　東京都新宿区新宿 2-15-14　辰巳ビル
　　　　TEL 03-5360-7522（代表）　FAX 03-5360-8951（販売部）
　　　　URL http://www.TG-NET.co.jp
印刷・製本所／図書印刷株式会社